U0958284

人力资源和社会保障部职业能力建设司推荐
冶金行业职业教育培训规划教材

氧化铝生产工艺

王　捷　编
王明海　主审

北　京
冶　金　工　业　出　版　社
2022

内 容 提 要

本书为行业职业技能培训教材，是根据企业的生产实际和岗位群的技能要求编写的，并经人力资源和社会保障部职业培训教材工作委员会办公室组织专家评审通过。

全书共分18章，分别介绍了氧化铝生产的原理、工艺流程、技术指标和常见故障的预防与处理等内容。在内容的组织安排上，力求少而精，通俗易懂，理论联系实际，切合生产的实际需要，突出行业的特点。为便于读者自学，加深理解和学用结合，各章均附复习思考题。

本书可作为氧化铝生产企业岗位操作人员的培训教材，也可作为职业技术院校相关专业的教材，或工程技术人员的参考用书。

图书在版编目(CIP)数据

氧化铝生产工艺/王捷编. —北京:冶金工业出版社，2006.6(2022.1重印)
冶金行业职业教育培训规划教材
ISBN 978-7-5024-3964-4

Ⅰ.氧…　Ⅱ.王…　Ⅲ.氧化铝—生产工艺　Ⅳ.TF821

中国版本图书馆CIP数据核字(2006)第017225号

氧化铝生产工艺

出版发行　冶金工业出版社　**电　　话**　(010)64027926
地　　址　北京市东城区嵩祝院北巷39号　**邮　　编**　100009
网　　址　www.mip1953.com　**电子信箱**　service@mip1953.com

责任编辑　宋　良　高　娜　美术编辑　彭子赫　版式设计　张　青
责任校对　白　迅　责任印制　李玉山
北京虎彩文化传播有限公司印刷
2006年6月第1版，2022年1月第8次印刷
787mm×1092mm　1/16；9.75印张；256千字；138页
定价28.00元

投稿电话　(010)64027932　投稿信箱　tougao@cnmip.com.cn
营销中心电话　(010)64044283
冶金工业出版社天猫旗舰店　yjgycbs.tmall.com
(本书如有印装质量问题，本社营销中心负责退换)

冶金行业职业教育培训规划教材
编辑委员会

主　任　姜　维　中国钢协人力资源与劳动保障工作委员会　常务副主任委员

副主任　吴　平　中国钢协人力资源与劳动保障工作委员会教育培训研究会主任委员

林　红　冶金工业教育资源开发中心（中国钢协职业培训中心）　主任

委　员

鞍钢集团公司教育培训中心(党校) 聂洪林
安徽工业大学 张力强
安徽冶金科技职业学院 张永涛
安阳钢铁集团有限责任公司 魏晓鹏
宝钢集团有限公司 刘兆华
包头钢铁集团公司 白华裔
包头钢铁职业技术学院（包钢教育培训中心）贾　震
北方工业大学 胡敦利
本钢集团有限公司 张凤臣
重钢集团有限责任公司 牟坚毅
东北大学 邸　馗
方大特钢科技股份有限公司 万学军
福建省三钢(集团)有限责任公司 苏　旭
河北钢铁集团邯钢公司 张宪政
河北钢铁集团唐钢公司 刘彦雷
河北钢铁集团舞钢公司 韩少波
河北钢铁集团宣钢公司 庞建忠
河北钢铁集团燕山钢铁有限公司 李长秋
河北工业职业技术学院 袁建路
河钢集团 李炳军
衡阳华菱钢管有限公司 刘　锋
湖南华菱湘潭钢铁有限公司 郑生斌
吉林大学 付　坤
吉林电子信息职业技术学院 陈国山
济源钢铁集团公司 李全国
江苏沙钢集团有限公司培训中心 张修成
津西钢铁公司 董劲松
酒泉钢铁（集团）有限责任公司 侯万斌
昆明钢铁集团公司 苏亚涛
昆明工业职业技术学院 邹红艳
昆明冶金高等专科学校 王　资
莱芜钢铁集团有限公司 王学德
辽宁科技学院 韩劲松
马钢（集团）控股有限公司 唐叶来
南京钢铁股份有限公司 蒋英勤
萍乡钢铁公司 董智萍
萍乡萍钢安源钢铁有限公司 陈稚林
山东钢铁集团莱钢分公司 孙成玉
山东钢铁集团有限公司 陈茂文

山东钢铁集团有限公司山钢日照公司 王乃刚

山东工业职业学院 吕　铭

山东石横特钢集团公司 张小鸥

陕西钢铁集团有限公司 王永红

山西工程职业技术学院 张长青

山西建邦钢铁有限公司 赵永强

首钢迁安钢铁公司 张云山

首钢总公司 叶春林

太原钢铁（集团）有限公司 张敏芳

太原科技大学 李玉贵

唐钢大学 武朝锁

唐山国丰钢铁有限公司 李宏震

天津冶金职业技术学院 孔维军

武钢鄂城钢铁有限公司 黄波

武汉钢铁股份有限公司人力资源部 谌建辉

西安建筑科技大学 李小明

西安科技大学 姬长发

西林钢铁集团有限公司 夏宏刚

西宁特殊钢集团有限责任公司 彭加霖

新兴铸管股份有限公司 帅振珠

新余钢铁有限责任公司 姚忠发

邢台钢铁有限责任公司 陈相云

盐城市联鑫钢铁有限公司 刘　燊

冶金工业教育资源开发中心 张　鹏

有色金属工业人才中心 宋　凯

中国中钢集团 李荣训

中信泰富特钢集团 王京冉

中职协冶金分会 李忠明

秘书组　冶金工业出版社

高职教材编辑中心（010－64027913，64015782，13811304205，dutt@mip1953.com）

序

吴溪淳

改革开放以来，我国经济和社会发展取得了辉煌成就，冶金工业实现了持续、快速、健康发展，钢产量已连续数年位居世界首位。这其间凝结着冶金行业广大职工的智慧和心血，包含着千千万万产业工人的汗水和辛劳。实践证明，人才是兴国之本、富民之基和发展之源，是科技创新、经济发展和社会进步的探索者、实践者和推动者。冶金行业中的高技能人才是推动技术创新、实现科技成果转化不可缺少的重要力量，其数量能否迅速增长、素质能否不断提高，关系到冶金行业核心竞争力的强弱。同时，冶金行业作为国家基础产业，拥有数百万从业人员，其综合素质关系到我国产业工人队伍整体素质，关系到工人阶级自身先进性在新的历史条件下的巩固和发展，直接关系到我国综合国力能否不断增强。

强化职业技能培训工作，提高企业核心竞争力，是国民经济可持续发展的重要保障，党中央和国务院给予了高度重视，明确提出人才立国的发展战略。结合《职业教育法》的颁布实施，职业教育工作已出现长期稳定发展的新局面。作为行业职业教育的基础，教材建设工作也应认真贯彻落实科学发展观，坚持职业教育面向人人、面向社会的发展方向和以服务为宗旨、以就业为导向的发展方针，适时扩大编者队伍，优化配置教材选题，不断提高编写质量，为冶金行业的现代化建设打下坚实的基础。

为了搞好冶金行业的职业技能培训工作，冶金工业出版社在人力资源和社会保障部职业能力建设司和中国钢铁工业协会组织人事部的指导下，同河北工业职业技术学院、昆明冶金高等专科学校、吉林电子信息职业技术学院、山西工程职业技术学院、山东工业职业学院、安徽工业职业技术学院、武汉钢铁集团公司、山钢集团济钢公司、云南文山铝业有限公司、中国职工教育和职业培训协会冶金分会、中国钢协职业培训中心、中国钢协人力资源与劳动保障工作委员会教育培训研究会等单位密切协作，联合有关冶金企业、高职院校和本科院校，编写了这套冶金行业职业教育培训规划教材，并经人力资源和社会保障部职业培训教材工作委员会组织专家评审通过，由人力资源和社会保障部职业能力建设司给予推荐，有关学校、企业的编写人员在时间紧、任务重的情况下，克服困难，辛勤工作，在相关科研院所的工程技术人员的积极参与和大力支持下，出色地完成了前期工作，为冶金行业的职业技能培训工作的顺利进行，打下了坚实的基础。相信这套教材的出版，将为冶金企业生产一线人员理论水平、操作水平和管理水平的进一步提高，企业核心竞争力的不断增强，起到积极的推进作用。

随着近年来冶金行业的高速发展，职业技能培训工作也取得了令人瞩目的成绩，绝大多数企业建立了完善的职工教育培训体系，职工素质不断提高，为我国冶金行业的发展提供了强大的人力资源支持。今后培训工作的重点，应继续注重职业技能培训工作者队伍的建设，丰富教材品种，加强对高技能人才的培养，进一步强化岗前培训，深化企业间、国际间的合作，开辟冶金行业职业培训工作的新局面。

展望未来，任重而道远。希望各冶金企业与相关院校、出版部门进一步开拓思路，加强合作，全面提升从业人员的素质，要在冶金企业的职工队伍中培养一批刻苦学习、岗位成才的带头人，培养一批推动技术创新、实现科技成果转化的带头人，培养一批提高生产效率、提升产品质量的带头人；不断创新，不断发展，力争使我国冶金行业职业技能培训工作跨上一个新台阶，为冶金行业持续、稳定、健康发展，做出新的贡献！

前　　言

本书是按照劳动和社会保障部的规划，受冶金工业出版社的委托，参照行业职业技能标准和职业技能鉴定规范，根据企业的生产实际和岗位群的技能要求编写的。书稿经劳动和社会保障部职业培训教材工作委员会办公室组织专家评审通过，由劳动和社会保障部培训就业司推荐作为行业职业技能培训教材。

我国是铝业大国，随着国民经济的发展，市场对氧化铝的需求越来越大，扩产及新建的氧化铝企业也在不断增多，氧化铝生产技术也在不断进步，企业岗位操作人员的理论与操作技术需要不断提高。为了适应氧化铝生产技术发展和企业工人培训的需要，我们编写了《氧化铝生产工艺》一书。

书中内容是按照拜耳法和碱-石灰烧结法的生产流程分别叙述的，对氧化铝生产工艺流程的原理及技术操作特点，常见故障发生的原因及处理方法，做了比较详尽的介绍，能够适应氧化铝生产企业岗位操作人员对氧化铝生产知识和操作技能的需求。

在编写过程中，得到各有关单位领导和同行的大力支持；山西工程职业技术学院的王明海副教授和山西铝厂的赵世中、陈新选、吴金珠、王素刚等同志对本书的初稿进行了审阅，并提出了许多有益的修改意见，在此一并致谢。

由于编者水平有限，加之定稿时间仓促，书中不足之处，敬请读者批评指正。

编　者
2006年2月

目　　录

绪　论

A　氧化铝及其水合物

a　氧化铝水合物的分类

氧化铝水合物($Al_2O_3 \cdot nH_2O$)根据所含结晶水数目(n)的不同分为三水型、一水型和铝胶三大类(见表1),其中三水型为 $n=3$ 的氧化铝水合物,包括三水铝石、拜耳石、诺耳石;一水型为 $n=1$ 的氧化铝水合物,包括一水硬铝石、一水软铝石;铝胶为含结晶水不完善的氧化铝水合物。

表1　氧化铝水合物的分类及其表示符号

类　别	组　成	名　称	常用符号
三水型氧化铝	$Al_2O_3 \cdot 3H_2O$	三水铝石	$Al(OH)_3$ 或 $Al_2O_3 \cdot 3H_2O$
		拜耳石	β-$Al(OH)_3$ 或 β-$Al_2O_3 \cdot 3H_2O$
		诺耳石	β'-$Al(OH)_3$ 或 β'-$Al_2O_3 \cdot 3H_2O$
一水型氧化铝	$Al_2O_3 \cdot H_2O$	一水硬铝石	γ-AlOOH 或 γ-$Al_2O_3 \cdot H_2O$
		一水软铝石	α-AlOOH 或 α-$Al_2O_3 \cdot H_2O$
铝　胶	$Al_2O_3 \cdot nH_2O$	拟薄水铝石	α-$Al_2O_3 \cdot nH_2O$($n=1.4 \sim 2.0$)
		无定形铝胶	$Al_2O_3 \cdot nH_2O$($n=3 \sim 5$)

目前作为生产氧化铝的主要原料是铝元素以三水铝石、一水硬铝石及一水软铝石等形态存在的各类铝土矿。不同类型的铝土矿与氧化铝生产工艺流程的选择和技术条件的控制有着紧密关系,所以对不同形态氧化铝水合物的性质应该有充分的了解。

b　氧化铝水合物的性质

(1) 物理性质。各种氧化铝及其水合物它们的物理性质各不相同,其密度和硬度是按下列次序增加的:三水铝石→ 一水软铝石→ 一水硬铝石。见表2。

表2　氧化铝及其水合物的物理性质

性质 \ 矿物名称	三水铝石	一水软铝石	一水硬铝石
相对密度	2.42	3.01	3.44
莫氏硬度	2.5～3.5	3.5～4	6.5～7

(2) 化学性质。氧化铝及其水合物是两性化合物,均不溶于水,而溶解于酸和碱液中。溶解于弱酸和弱碱时所生成的铝盐很不稳定,会立即发生水解生成氢氧化铝,弱酸和弱碱不能用于工业生产。溶解于强酸和强碱时所生成的铝盐则较为稳定,在工业控制条件下能够满足生产要求,所以工业上的酸法和碱法生产氧化铝就是利用了这种性质。

不同形态的氧化铝及其水合物溶解于酸和碱液中的速度和溶解度是不相同的。三水铝石最易溶解，一水软铝石次之，一水硬铝石则很难溶解，因此在碱法生产氧化铝时，铝土矿中铝的存在形态就决定了溶解条件，进而决定了能耗、生产成本等指标。另外，由于电解铝生产对作为原料的氧化铝有化学活性方面的要求，氢氧化铝的焙烧条件同样也很重要，在低温焙烧的条件下会得到化学活性好的 $\gamma\text{-}Al_2O_3$，在高温焙烧的条件下会得到化学活性差的 $\alpha\text{-}Al_2O_3$。因此，在氧化铝生产中要充分注意到不同形态氧化铝及其水合物的物理化学性质的不同，根据铝土矿资源条件和下游产业的要求来控制氧化铝生产工艺技术条件。

B 铝矿石

铝是地壳中分布最广的元素之一，在地壳中的含量为 8.8%，仅次于氧和硅。但在金属元素中，铝元素在地壳中的含量为第一。

铝是化学性很活泼的元素，在自然界中只以化合物状态存在。自然界中含铝矿物达 250 种，其中主要矿物有铝土矿、霞石、明矾石、高岭土和黏土等。目前，铝土矿是当今氧化铝生产工业最主要的矿物资源，世界上 95% 以上的氧化铝出自铝土矿。

a 铝土矿的类型

铝土矿中的铝元素是以氧化铝水合物状态存在的。根据其氧化铝水合物所含结晶水数目的不同，以及晶型结构的不同，把铝土矿分成三水铝石型、一水软铝石型、一水硬铝石型和混合型等四类矿种。采用不同类型的铝土矿作原料，则氧化铝生产工艺的选择和技术条件的控制是不同的，所以对铝土矿类型的鉴定有着重大意义。

b 铝土矿的质量标准

铝土矿的质量会影响生产技术条件的控制、设备的产能、能耗及产品质量等各个方面。判断铝土矿质量的指标主要有氧化铝含量、氧化硅含量和铝土矿的类型等三项。

(1) 氧化铝含量。氧化铝在铝土矿中的含量越高，铝土矿中的杂质就会越少，设备产能、能耗、产品质量等指标就会越好。

(2) 氧化硅含量。铝土矿中最主要的杂质是氧化铁和氧化硅。在碱法生产氧化铝工艺中，氧化铁不溶于碱性溶液，会直接进入渣中排掉。二氧化硅为酸性氧化物，会溶解进入碱液中，但随后会以不溶性物质含水铝硅酸钠形式析出，造成氧化钠和氧化铝的损失。因此，氧化硅是碱法生产氧化铝的最有害的杂质。铝土矿表示氧化硅含量的指标是铝硅比——矿中所含的氧化铝与氧化硅的质量之比，通常以 A/S 表示。A/S 越高，铝土矿质量越好。

(3) 铝土矿的类型。不同类型的铝土矿因为在拜耳法生产氧化铝时氧化铝溶出的难易程度不同，则所采取的工艺技术条件也不相同。三水铝石型矿最易溶出，一水软铝石型矿次之，一水硬铝石型矿最难溶出。所以，铝土矿的类型对采用拜耳法工艺生产氧化铝意义重大。

而铝土矿的类型对采用烧结法工艺生产氧化铝来说则意义不大。

c 铝土矿资源

我国是铝土矿的资源大国。铝土矿主要分布于山西、河南、贵州、广西及山东等省。我国铝土矿资源的特点是高硅低铁的一水硬铝石型矿，品位呈不均一性，铝硅比低(4～7)。针对这种矿石特点，我国自主开发了混联法生产氧化铝的工艺流程。

C 氧化铝生产方法概述

熔盐电解法生产金属铝的原料——氧化铝是一种两性化合物，可以用碱或酸从铝土矿中把氧化铝与其他杂质分离出来而得到纯净的氧化铝。另外还可以用电炉熔炼的方法得到高品位的氧化铝渣,再进行碱法或酸法处理生产氧化铝。目前,除碱法外,酸法、电炉熔炼法都没有在氧化铝工业上使用。本书仅介绍碱法生产氧化铝工艺。

碱法生产氧化铝的一般工艺原理为通过加入氢氧化钠或碳酸钠来处理采选后的铝矿,得到铝酸钠溶液,这种溶液经过净化处理后,用降温或碳酸化方法进行强制分解得到氢氧化铝,然后经过焙烧脱水得到产品氧化铝。

碱法生产氧化铝工艺又分为拜耳法、烧结法及联合法三种工艺流程。分别简述如下。

a　拜耳法生产氧化铝工艺

采用拜耳法工艺流程生产的氧化铝量占到总产量的90%以上,是采用高铝硅比铝土矿作原料的新建铝厂首选的工艺流程。

拜耳法生产氧化铝的工艺过程是用含有氢氧化钠的溶液在高温高压下溶出铝土矿中的氧化铝得到铝酸钠溶液,而矿中的杂质则生成不溶性化合物入渣,铝酸钠溶液在净化后,加入氢氧化铝晶种进行分解得到氢氧化铝晶体,然后经焙烧脱水得到氧化铝产品。

拜耳法生产氧化铝工艺的优点如下:

(1) 生产流程简单;

(2) 由于流程中没有烧结工序,单位能耗比其他工艺流程低,仅为41.49 GJ/t;

(3) 在生产过程中外加物少,晶种分解为自发分解,杂质析出的数量少,产品氧化铝质量好。

拜耳法生产氧化铝工艺的缺点如下:

不能处理 A/S 低的铝土矿,仅适合处理铝硅比大于7的铝土矿,尤其是铝硅比大于10的铝土矿。

b　烧结法生产氧化铝工艺

烧结法生产氧化铝的工艺过程是将铝土矿、碳酸钠和石灰制成料浆进行烧结得到铝酸钠熟料,然后用水或稀碱溶液对铝酸钠熟料进行溶出,得到铝酸钠溶液,将此溶液进行脱硅净化处理后,往溶液中通入二氧化碳气体进行碳酸化分解得到氢氧化铝晶体,再经焙烧脱水得到氧化铝产品。

烧结法生产氧化铝工艺的优点如下:

(1) 可以处理铝硅比低的高硅铝土矿;

(2) 生产消耗的是价格低廉的碳酸钠。

烧结法生产氧化铝工艺的缺点如下:

(1) 由于有烧结工序,单位能耗高,达48.31 GJ/t;

(2) 生产流程复杂;

(3) 碳酸化分解的方法造成氧化铝产品质量差。

虽然烧结法生产氧化铝工艺能够处理铝硅比低的铝土矿,但铝硅比越低,生产流程中的物料流量就越大,就会造成设备产能越低。因此,从经济角度分析,烧结法生产氧化铝工艺并不适宜处理铝硅比低于3～3.5的铝土矿。

c　联合法

联合法就是将拜耳法工艺流程和烧结法工艺流程联结起来形成的工艺流程。根据联结方式的不同分为串联法、并联法和混联法三种。

我国的铝土矿特点是高硅低铁,矿石难以溶解,并且成分不均一。针对这个特点,我国首创出混联法工艺流程。目前,我国的氧化铝厂采用的联合法工艺流程都是混联法。下面简单介绍混联法的工艺特点。

混联法工艺流程的生产过程是使用拜耳法处理低硅铝土矿得到赤泥和铝酸钠溶液,溶液送去净化分解,赤泥则与一部分高硅铝土矿混合烧结成熟料进入烧结法生产流程。

混联法生产氧化铝工艺流程的优点如下:

(1) 拜耳法产出的赤泥通过烧结充分回收了其中的氧化铝和氧化钠;

(2) 适应了铝土矿成分的不均一性,最大限度的利用了资源;

(3) 氧化铝生产过程的补碱由价格低廉的碳酸钠供应。

混联法生产氧化铝工艺流程的缺点如下:

(1) 同时具有拜耳法和烧结法两种工艺流程,生产流程复杂,设备繁多;

(2) 两套工艺相互交叉,生产协调非常复杂。

D 电解炼铝对氧化铝的质量要求

氧化铝总产量的90%以上是作为电解铝生产原料的。氧化铝生产的技术条件要根据电解铝生产对氧化铝的物理及化学纯度上的要求来进行控制。

a 电解炼铝对氧化铝化学纯度的要求

电解炼铝对氧化铝化学纯度的要求如下:

(1) 氧化铝中所含氧化铁、氧化钛、氧化硅等杂质要尽可能少。这些氧化物杂质在电解铝生产过程中,铁、钛、硅会被电解析出进入金属铝液中,导致产品金属铝的等级下降,并且使电流效率下降。

(2) 氧化铝中所含氧化钠和水分要尽可能少。在电解过程中,氧化钠会与冰晶石发生反应,生成氟化钠,造成电解质 NaF 与 AlF_3 的量之比(分子质量比)变化,增加氟化铝的消耗。水分同样会与冰晶石发生反应,生成氟化钠、氟化氢,造成电解质分子质量比变化,增加氟化铝的消耗,同时产生有害气体氟化氢,污染环境。

表3列出了我国氧化铝的质量标准。

表3 我国氧化铝的质量标准(GB 8178—87)

等级	化学成分/%				
	Al_2O_3 不低于	杂质(不高于)			
		SiO_2	Fe_2O_3	Na_2O	焙烧
一级	98.6	0.02	0.03	0.55	0.8
二级	98.5	0.04	0.04	0.60	0.8
三级	98.4	0.06	0.04	0.65	0.8
四级	98.3	0.08	0.05	0.70	0.8
五级	98.2	0.10	0.05	0.70	1.0
六级	97.8	0.15	0.06	0.70	1.2

b 电解炼铝对氧化铝物理性质的要求

电解炼铝对氧化铝物理性质的要求如下:

(1) 氧化铝在冰晶石电解质中溶解速度要快；

(2) 输送加料过程中，氧化铝飞扬损失要小，以降低氧化铝单耗指标；

(3) 氧化铝能在阳极表面覆盖良好，减少阳极氧化；

(4) 氧化铝应具有良好的保温性能，减少电解槽热量损失；

(5) 氧化铝应具有较好的化学活性和吸附能力来吸附电解槽烟气中的氟化氢气体。

氧化铝产品根据其物理性质分为砂状氧化铝、面粉状氧化铝和中间状氧化铝，其中砂状氧化铝因为能很好地满足电解铝生产对氧化铝物理性质的要求，所以在目前，砂状氧化铝已成为氧化铝生产的主要产品。

表 4 列出了不同类型氧化铝的物理性质。

表 4　不同类型氧化铝的物理性质

物 理 性 能	氧化铝类型		
	面 粉 状	砂 状	中 间 状
⩽44 μm 的粒级含量/%	20～50	10	10～20
平均直径/μm	50	80～100	50～80
安息角/(°)	>45	30～35	30～40
比表面积/$m^2 \cdot g^{-1}$	<5	>35	>35
密度/$g \cdot cm^{-3}$	3.9	⩽3.7	⩽3.7
堆积密度/$g \cdot cm^{-3}$	0.95	>0.85	>0.85

表 4 中，安息角是指物料在光滑平面上自然堆积的倾角，是表示氧化铝流动性能好坏的指标。安息角越大，氧化铝的流动性越差；安息角越小，氧化铝的流动性越好。

比表面积是指单位质量物料的外表面积与内孔表面积之和的总表面积，是表示氧化铝化学活性的指标。比表面积越大，氧化铝的化学活性越好，越易溶解；比表面积越小，氧化铝的化学活性越差，越不易溶解。

容重(容积密度)是指在自然状态下单位体积物料的重量。通常容重小的氧化铝有利于在电解质中的溶解。

粒度是指氧化铝颗粒的粗细程度。过粗的氧化铝在电解质中的溶解速度慢，甚至沉淀；而过细的氧化铝则飞扬损失加大。

复习思考题

0-1　结晶型氧化铝水合物按所含结晶水数目分类可分为哪几种类型，它们分别具有哪几种同类异晶体？

0-2　铝土矿中主要含铝矿物有哪三种？分别写出它们的化学式。根据铝土矿中含铝矿物的形态不同，可将铝土矿分为哪几种类型？

0-3　铝土矿中含有哪些主要化学成分，铝土矿的铝硅比是什么？

0-4　如何评价铝土矿的质量？

0-5　我国铝土矿多数属于哪种类型，其质量方面有何特点？

0-6　以铝土矿为原料的碱法生产氧化铝包括哪几种生产方法，根据我国铝土矿石的特点宜采用什么方法？

0-7　拜耳法生产氧化铝有哪些优缺点？

0-8 试分析拜耳法生产氧化铝和烧结法生产氧化铝有哪些不同点？

0-9 电解炼铝用氧化铝含有哪些主要杂质成分,按照国家质量标准将氧化铝分为几个等级？

0-10 电解炼铝对氧化铝的质量有哪些要求？

0-11 用于表征氧化铝物理性质的指标有哪几项？分别叙述它们的概念。

0-12 按照氧化铝物理性质来分类,可将氧化铝分为哪三种类型？

1 铝酸钠溶液

碱法生产氧化铝都是通过不同的途径使氧化铝从铝土矿中溶出成为铝酸钠溶液，而杂质入渣，铝酸钠溶液经净化后分解析出氢氧化铝。因此碱法生产氧化铝的实质就是铝酸钠溶液的制备、净化和分解过程。铝酸钠溶液是生产过程重要的中间产物，掌握铝酸钠溶液的相关基本概念有着重要意义。

1.1 铝酸钠溶液的特性参数

1.1.1 铝酸钠溶液浓度的表示法

1.1.1.1 碱的类型及符号

工业铝酸钠溶液中有以 $NaAl(OH)_4$ 分子形式存在的 Na_2O，也有以 NaOH 分子形式存在的游离 Na_2O，另外还有以 Na_2CO_3 分子形式存在的 Na_2O 及以 Na_2SO_4 分子形式存在的 Na_2O，以这些分子形式存在的 Na_2O 在工业上都有各自的名称。

苛性碱：指以 $NaAl(OH)_4$ 分子和 NaOH 分子等形式存在的 Na_2O，符号表示为 $Na_2O_{苛}$ 或 Na_2O_k。

碳酸碱：指以 Na_2CO_3 分子形式存在的 Na_2O，符号表示为 $Na_2O_{碳}$ 或 Na_2O_c。

硫酸碱：指以 Na_2SO_4 分子形式存在的 Na_2O，符号表示为 $Na_2O_{硫}$ 或 Na_2O_s。

全碱：指以苛性碱和碳酸碱状态存在的 Na_2O 的总和，符号表示为 $Na_2O_{全}$ 或 Na_2O_T。

1.1.1.2 铝酸钠溶液浓度的表示法

工业铝酸钠溶液浓度的表示一般以氧化铝和氧化钠的质量浓度表示，例如 $\rho(Al_2O_3)=50\ g/L$，或 $\rho(Na_2O_k)=150\ g/L$。

1.1.2 铝酸钠溶液的特性参数——苛性比值

苛性比值是碱法生产氧化铝的重要概念和指标，它表示铝酸钠溶液溶解氧化铝的饱和程度及溶液的稳定性。

铝酸钠溶液的苛性比值是指铝酸钠溶液中所含苛性碱与氧化铝的物质的量的比值，符号表示为 α_K。计算公式：

$$\alpha_K=\frac{\text{溶液中 } Na_2O_k \text{ 物质的量}}{\text{溶液中 } Al_2O_3 \text{ 物质的量}}=\frac{n(Na_2O_k)}{n(Al_2O_3)}=\frac{c(Na_2O_k)}{c(Al_2O_3)}$$

换算成质量浓度表示：

$$\alpha_K=\frac{\rho(Na_2O_k)}{\rho(Al_2O_3)}\times\frac{102}{60}=\frac{\rho(Na_2O_k)}{\rho(Al_2O_3)}\times 1.645$$

式中 $n(Na_2O_k)$、$n(Al_2O_3)$——铝酸钠溶液中苛性碱和氧化铝的物质的量，mol；

$c(Na_2O_k)$、$c(Al_2O_3)$——铝酸钠溶液中苛性碱和氧化铝的物质的量浓度，mol/L；

$\rho(Na_2O_k)$、$\rho(Al_2O_3)$——铝酸钠溶液中苛性碱和氧化铝的质量浓度,g/L;

62 和 102——铝酸钠溶液中 Na_2O 和 Al_2O_3 的摩尔质量,g/mol。

1.1.3　铝酸钠溶液的硅量指数

铝酸钠溶液的硅量指数是指溶液中所含氧化铝与二氧化硅的质量的比值。通常以两者质量浓度的比值计算得出:

$$硅量指数=\frac{\rho(Al_2O_3)}{\rho(SiO_2)}$$

式中,$\rho(Al_2O_3)$、$\rho(SiO_2)$分别为铝酸钠溶液中氧化铝和氧化硅的质量浓度,g/L。

铝酸钠溶液的硅量指数的意义是表示铝酸钠溶液的纯度。硅量指数越高,则铝酸钠溶液中二氧化硅含量越低,纯度越高,析出的氢氧化铝杂质含量就会越少。反之,则相反。

1.2　Na_2O-Al_2O_3-H_2O 系

纯的铝酸钠溶液可看作是 Na_2O-Al_2O_3-H_2O 三元系。通过对 Na_2O-Al_2O_3-H_2O 三元系平衡状态图的了解,就可以知道氧化铝在氢氧化钠溶液中的溶解度与溶液浓度和温度的关系,以及在不同条件下的平衡固相,从而得到生产技术参数。Na_2O-Al_2O_3-H_2O 三元系平衡状态图是碱法生产氧化铝理论基础的重要部分。

为了应用方便,把在一定温度下的氧化铝溶解度与苛性碱浓度的关系用直角坐标图来表示。纵坐标轴表示氧化铝浓度,横坐标轴表示氧化钠浓度。过 O 点的任一直线都为等 α_K 线(即在此线上的任一点溶液的 α_K 值都相等)。

1.2.1　30℃下的 Na_2O-Al_2O_3-H_2O 三元系平衡状态图

图 1-1 为 30℃下 Na_2O-Al_2O_3-H_2O 三元系平衡状态图。

1.2.1.1　30℃下 Na_2O-Al_2O_3-H_2O 三元系平衡状态图中各点线的含义

B 点:溶液在此点会同时与三水铝石固相和含水铝酸钠固相保持平衡共存,是溶液对三水铝石和含水铝酸钠的饱和点。

C 点:为含水铝酸钠($Na_2O\cdot Al_2O_3\cdot 2.5H_2O$)和一水氢氧化钠($NaOH\cdot H_2O$)同时与溶液保持平衡,是共饱点。

D 点:为一水氢氧化钠($NaOH\cdot H_2O$)的组成点,它的成分为 53.5%NaOH 和 46.5%H_2O。

E 点:为含水铝酸钠($Na_2O\cdot Al_2O_3\cdot 2.5H_2O$)的组成点,它的成分是 48.8%$Al_2O_3$、29.7%$Na_2O$ 和 21.5%H_2O。

H 点:为 $Na_2O\cdot Al_2O_3$ 的组成点,它的成分是 62.2%Al_2O_3 和 37.8%Na_2O。

T 点:为三水铝石的组成点,它的成分是 65.4%Al_2O_3 和 34.6%H_2O。

M 点:为一水铝石的组成点。

OB 线段:该线上溶液的平衡固相是三水铝石,是三水铝石在 NaOH 溶液中的等温溶解度曲线。它表明随着溶液 NaOH 浓度的增加,三水铝石在其中的溶解度越来越大。

BC 线段:该线上溶液的平衡固相是含水铝酸钠($Na_2O\cdot Al_2O_3\cdot 2.5H_2O$),是含水铝酸钠在 NaOH 溶液中的等温溶解度曲线。它表明含水铝酸钠在 NaOH 溶液中的溶解度随溶液 NaOH 浓度的增加而降低。

CD 线段:为一水氢氧化钠($NaOH\cdot H_2O$)在铝酸钠溶液中的溶解度曲线。

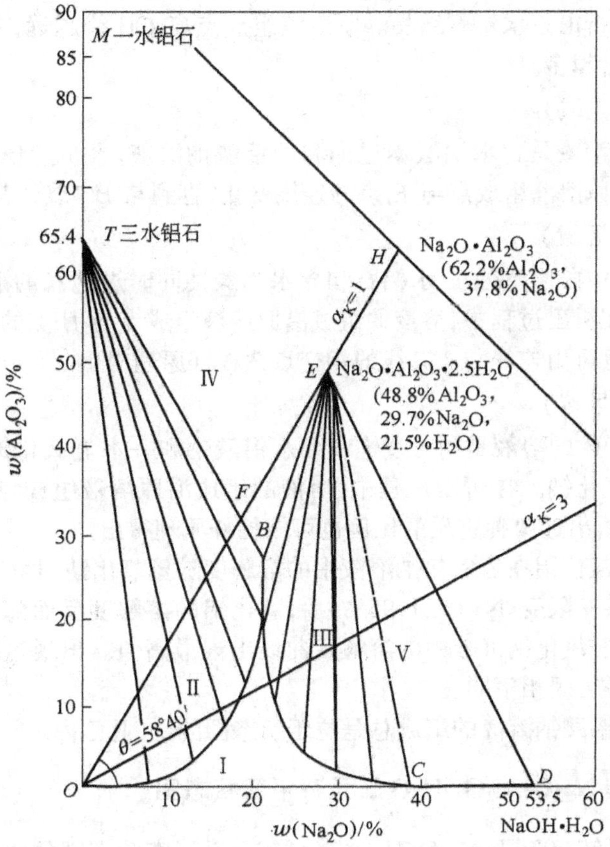

图 1-1 30℃下 Na_2O-Al_2O_3-H_2O 三元系平衡状态图

图中 *OBCD* 曲线是依次连接各个平衡溶液的组成点得出的，它也就是氧化铝在为 30℃下的氢氧化钠溶液中的平衡溶解度等温线。

直线 *OEH* 是 $\alpha_K=1$ 的等 α_K 线，实践证明，苛性比值等于 1 或小于 1 的铝酸钠溶液是不存在的，因此铝酸钠溶液的组成处于直线 *OE* 的下方。在 30℃下 *E* 点和 *D* 点都是固相存在。因此在 *ED* 线上及其右上方是属于固体的区域，不含有液相存在。所以铝酸钠溶液只能存在于 *OED* 区域内。因此对氧化铝生产来说，对 *OED* 区域的分析才有意义。

1.2.1.2 *OED* 区域分析

将 *OED* 区域分五个（Ⅰ、Ⅱ、Ⅲ、Ⅳ、Ⅴ）部分进行讨论。

A Ⅰ区（*OBCD* 区域）

在 *OBCD* 饱和等温线下方的区域为Ⅰ区，是氢氧化铝和含水铝酸钠的未饱和区，它有溶解这两种物质的能力。当其溶解氢氧化铝时，溶液的组成将沿着原溶液点与 *T* 点的连线变化，直到连线与 *OB* 线的交点为止，即这时溶液已达到平衡浓度。原溶液组成点离 *OB* 线越远，其未饱和程度越大，能够溶解的氢氧化铝数量越多。当其溶解固体铝酸钠时，溶液的组成则沿着原溶液组成点与 *E* 点（如果是无水铝酸钠则是 *H* 点）的连线变化，直到连线与 *BC* 线的交点为止。

B Ⅱ区（*OBTO* 区域）

OBTO（Ⅱ区）内的溶液是氢氧化铝过饱和的铝酸钠溶液，可以分解析出三水铝石晶体。在

分解过程中,溶液的组成沿原溶液组成点与 T 点的连线变化,直到与 OB 线的交点为止,这时溶液达到平衡浓度,不再析出三水铝石结晶。原溶液组成点离 OB 线越远,其过饱和程度越大,能够析出的三水铝石数量越多。

C　Ⅲ区($BCEB$ 区域)

$BCEB$(Ⅲ区)内的溶液是含水铝酸钠过饱和的铝酸钠溶液,会析出偏铝酸钠结晶。在析出过程中,溶液的组成沿原溶液组成点与 E 点的连线变化,直到与 BC 线的交点为止。

D　Ⅳ区($BETB$ 区域)

$BETB$ 区域(Ⅳ区)内的溶液是三水铝石和含水铝酸钠同时过饱和的溶液,会同时析出三水铝石和含水铝酸钠。在析出过程中,溶液的组成沿原溶液组成点与 B 点的连线变化,直到 B 点。析出这两种物质的比例可由连线与 ET 线的相交点按杠杆原理得出。

E　Ⅴ区($CDEC$ 区域)

$CDEC$ 区域(Ⅴ区)内的溶液是同时过饱和含水铝酸钠和一水氢氧化钠的溶液,会同时析出含水铝酸钠和一水氢氧化钠。在析出过程中,溶液的组成沿原溶液组成点与 C 点的连线变化,直到 C 点平衡为止。析出这两种物质的比例也可按杠杆原理得出。

从以上分析可知:氧化铝在氢氧化钠溶液中的溶解度随氢氧化钠的浓度增加而增加,但是当氢氧化钠的浓度达到某一限度(Na_2O 21.95%)后,氧化铝的溶解度反而随着氢氧化钠的浓度增加而下降,使氧化铝在氢氧化钠溶液中的溶解度曲线出现最高值。出现这种情况的原因是不同浓度的溶液所对应的平衡固相不同。

在氧化铝生产中,铝酸钠溶液的组成总是位于状态图的Ⅰ、Ⅱ区内。

1.2.2　不同温度下的 Na_2O-Al_2O_3-H_2O 三元系平衡状态图

通过上面的介绍可知 30℃下 Na_2O-Al_2O_3-H_2O 三元系平衡状态图的特征。如果这些特征仅仅存在于 30℃的温度条件下,而在其他温度条件下则不存在,那么,研究 Na_2O-Al_2O_3-H_2O 三元系平衡状态图对生产就没有指导意义。所以,为了适应生产的需要,人们广泛研究了在 30℃、60℃、95℃、150℃、200℃等温度下的 Al_2O_3 在不同 Na_2O 浓度的铝酸钠溶液中的饱和浓度,并绘出了上述各温度下的 Na_2O-Al_2O_3-H_2O 三元系平衡状态图,见图 1-2。

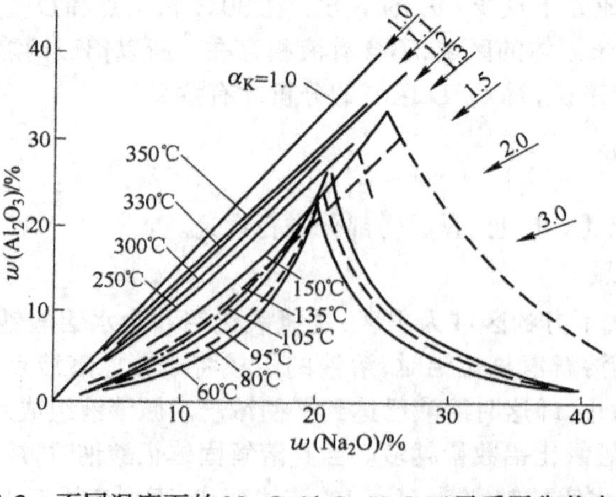

图 1-2　不同温度下的 Na_2O-Al_2O_3-H_2O 三元系平衡状态图

由图 1-2 可见各个温度下溶解度等温线都包括两个线段，这两个线段的交点为该温度下溶解度的最大点。它说明在所有温度下，氧化铝的溶解度都是随溶液中苛性碱浓度的增加而急剧增长，但当苛性碱浓度超过某一限度后，氧化铝的溶解度反而随溶液中苛性碱浓度的增加而急剧下降，这是由于与溶液平衡的固相成分发生改变的结果。图中溶解度等温线的左侧线段所对应的平衡固相为三水铝石(或一水铝石)，而溶解度等温线的右侧线段所对应的平衡固相为含水铝酸钠(或无水铝酸钠、氢氧化钠等不同固相)。

另外，从图中看到随温度的升高，氧化铝溶解度等温线的曲率逐渐减小，即越来越直，它的两个分支所构成的交角也逐渐增大，这样就使溶液的未饱和区越来越扩大，溶解度的最大点随温度升高向较高的 Na_2O 浓度和 Al_2O_3 浓度方向推移。温度降低则相反。所以温度提高，溶液的未饱和区扩大有利于氧化铝溶解度的增加，使溶液能溶解更多的氧化铝；温度降低溶液的过饱和区扩大有利于氧化铝溶解度的降低，使溶液能分解析出更多的氧化铝。

拜耳法生产氧化铝就是根据 Na_2O-Al_2O_3-H_2O 三元系平衡状态图中氧化铝溶解度等温线的上述特点，利用浓苛性碱溶液在高温下溶出铝土矿中的氧化铝，然后再经冷却和稀释使氢氧化铝过饱和而结晶析出。

在氧化铝生产中，分解析出产物为三水铝石($Al_2O_3 \cdot 3H_2O$)，而从图中看到溶解度等温线的左侧线段所对应的平衡固相除三水铝石外，还有一水铝石，这是什么原因？这是因为随着温度的不同，溶液所对应的平衡固相发生了变化。溶解度等温线的左侧线段 OB 线所对应的平衡固相在 75℃下，OB 线的平衡固相为三水铝石；在 75～100℃，OB 线的平衡固相则变为三水铝石和一水铝石(低碱浓度为三水铝石，高碱浓度为一水铝石)；在 100℃上，OB 线的平衡固相为一水铝石，三水铝石消失；在 330℃上，一水铝石与刚玉共为平衡固相。

1.3 铝酸钠溶液的稳定性及其影响因素

铝酸钠溶液的稳定性是指从铝酸钠溶液制成到开始分解析出氢氧化铝所需时间的长短。作为氧化铝生产过程中的中间产物铝酸钠溶液从制成到分解析出氢氧化铝要经过赤泥沉降、脱硅、净化等多道工序，在此期间要保证铝酸钠溶液不能分解析出氢氧化铝，并且到分解工序时，要使铝酸钠溶液容易析出。因此影响铝酸钠溶液稳定性的因素决定了氧化铝生产中的主要技术参数的选择。

1.3.1 铝酸钠溶液苛性比值的影响

根据对铝酸钠溶液的理论分析及测定分析，常温下，当铝酸钠溶液的 α_K 值在 1 左右时，铝酸钠溶液极不稳定，不能存在；当铝酸钠溶液的 α_K 值在 1.4～1.8 之间时，在工业生产条件下，铝酸钠溶液能稳定存在于生产过程中，不会大量分解析出氢氧化铝；当铝酸钠溶液的 α_K 值大于 3 以上时，铝酸钠溶液极为稳定，不会析出氢氧化铝，并且还能继续溶解氧化铝。铝酸钠溶液在不同 α_K 值条件下的稳定状态决定了氧化铝生产中不同工序应采取的 α_K 值，所以 α_K 值是氧化铝生产中主要的生产技术指标。

1.3.2 温度的影响

提高温度会使铝酸钠溶液过饱和状态降低，稳定性增强，不容易分解析出氢氧化铝；而降低温度会使铝酸钠溶液过饱和状态增加，稳定性降低，容易分解析出氢氧化铝。因此在拜耳法生产氧化铝时，溶出的铝酸钠溶液在沉降、净化等工序要保持较高的温度。在晶种分解工序，则要采取热交换措施来降低温度使铝酸钠溶液分解析出氢氧化铝。

1.3.3　铝酸钠溶液浓度的影响

铝酸钠溶液浓度大小会对拜耳法生产氧化铝过程中的晶种分解工序产生影响。铝酸钠溶液的浓度过大,溶液的黏度增大,使晶体粒子的扩散受到阻碍,导致氢氧化铝晶体析出速度慢,溶液的稳定性增强,并且不容易长成大颗粒;而铝酸钠溶液的浓度过小,又使微小氢氧化铝晶粒之间的接触机会减少,同样使氢氧化铝晶体析出速度慢,溶液的稳定性增强,并且也不容易长大成大颗粒。为保证溶出后的铝酸钠溶液浓度适宜,工业上在溶出后设有一个稀释工序,用赤泥洗液对铝酸钠溶液的浓度进行调整,并回收低浓度的赤泥洗液。

1.3.4　杂质的影响

1.3.4.1　二氧化硅

在拜耳法生产氧化铝工艺的溶出过程中,铝土矿中的二氧化硅会生成含水铝硅酸钠($Na_2O \cdot Al_2O_3 \cdot 2SiO_2 \cdot nH_2O$)。该化合物在铝酸钠溶液中的溶解度很低,大部分会随着赤泥一起排掉,但有小部分会溶解在铝酸钠溶液中。在铝酸钠溶液中溶解的二氧化硅是以铝硅酸根离子状态存在,这种离子体积庞大,造成铝酸钠溶液的黏度增加,溶液的稳定性增加。烧结法生产氧化铝工艺中,熟料溶出后的铝酸钠溶液含二氧化硅达到 5～6 g/L,即便使该溶液的 α_K 值降到 1.25,铝酸钠溶液也不会自发分解析出氢氧化铝,生产还能正常进行。

1.3.4.2　碳酸钠和有机物

氧化铝生产过程中,铝酸钠溶液并不与空气隔绝,空气中的二氧化碳会与铝酸钠溶液中的苛性碱发生反应生成碳酸钠。随着生产的循环,碳酸钠会在铝酸钠溶液中逐渐积累,导致溶液的黏度增加,铝酸钠溶液稳定性因此得到增强。

铝酸钠溶液中的有机物是由铝土矿带进的。有机物会附在晶核表面,导致其失去吸附能力,不再长大,析出氢氧化铝晶体的速度减缓,铝酸钠溶液因此表现出稳定状态。

1.3.5　添加晶种的影响

铝酸钠溶液自发生成晶核的过程非常困难。在生产过程中,为提高生产效率,就必须提高晶种分解速度,而添加氢氧化铝晶种是非常有效的办法之一。添加氢氧化铝晶种后,铝酸钠溶液的分解析出直接在晶种表面进行,而不需要长时间的晶核自发生成过程,所以铝酸钠溶液的分解析出速度提高,稳定性降低。

1.3.6　搅拌的影响

对铝酸钠溶液进行搅拌加强了溶液中粒子的扩散过程,并且会使溶液的浓度均匀,有利于提高分解析出速度,溶液的稳定性降低。另外,当有晶种存在时,搅拌会使晶种悬浮于铝酸钠溶液中,晶种与周围溶液接触充分,也有利于晶种吸附长大过程。所以在晶种分解工序要对铝酸钠溶液进行搅拌。

复习思考题

1-1 什么是铝酸钠溶液中的苛性碱,什么是铝酸钠溶液的苛性比值?

1-2 各种温度下 Na_2O-Al_2O_3-H_2O 三元系平衡状态图的特征说明了什么问题?对工业生产有何指导意义?

1-3 工业铝酸钠溶液中有哪些主要组分,碱分为几种,全碱是什么碱?

1-4 影响工业铝酸钠溶液稳定性的因素有哪些,这些因素对溶液的稳定性是怎样影响的?

1-5 什么是铝酸钠溶液的硅量指数,硅量指数的高低说明了什么?

2　拜耳法的原理和基本流程

2.1　拜耳法的原理

拜耳法经过一百多年的发展，虽然在生产设备、自动化控制等方面有了巨大的进步，但是它的基本工艺原理并没有改变。

拜耳法的原理就是使以下反应在不同的条件下朝不同的方向交替进行：

$$Al_2O_3 \cdot xH_2O + 2NaOH + aq \underset{\text{结晶}}{\overset{\text{溶出}}{\rightleftharpoons}} 2NaAl(OH)_4 + aq$$

式中，当溶出一水铝石和三水铝石时，x 分别等于 1 和 3；当分解铝酸钠溶液时，x 等于 3。

首先，在高温高压条件下以 NaOH 溶液溶出铝土矿，使其中的氧化铝水合物按上式反应向右进行得到铝酸钠溶液，铁、硅等杂质进入赤泥；而向经过彻底分离赤泥后的铝酸钠溶液添加晶种，在不断搅拌和逐渐降温的条件下进行分解，使上式反应向左进行析出氢氧化铝，并得到含大量氢氧化钠的母液；母液经过蒸发浓缩后再返回用于溶出新的一批铝土矿；氢氧化铝经过焙烧脱水后得到产品氧化铝。

从拜耳法生产氧化铝的原理可以知道：Na_2O_k 在整个生产过程中理论上是不消耗的，是循环使用的物质，所以生产上将 Na_2O_k 经历一次完整的溶出、稀释、晶种分解及分解母液的蒸发过程称为一次拜耳法循环。

2.2　拜耳法循环

图 2-1 为处理一水硬铝石型铝土矿的拜耳法循环图。通过对该图分析能够更清晰的理解拜耳法的生产原理。

用来溶出一水硬铝石型铝土矿的循环母液的成分相当于图中 A 点，位于 200℃ 等温线的下方，表明此时循环母液是未饱和的，具有溶解氧化铝水合物的能力。在生产条件下，溶出温度是在 240℃ 以上，所以循环母液是远未饱和的，氧化铝能够迅速溶出。随着氧化铝的不断溶出，氧化铝浓度随之升高，当不考虑苛性碱及氧化铝由于脱硅等化学反应引起损失，溶液的组成应沿着 A 点与 $Al_2O_3 \cdot H_2O$ 的组成点的联线变化，直到饱和为止。理论上，随着氧化铝的溶出，铝酸钠溶液的苛性比值随之下降，溶出液的最终成分可以一直达到溶解度等温线上。但在实际生产中，如果要达到 240℃ 等温线上则需要很长的时间，这是不经济的。所以由于溶出时间的限制，溶出过程在距离等温线上平衡点很远的 B 点结束。连接 A、B 两点的线就被称为溶出线。

从压煮器中排出的压煮矿浆（溶出液）用赤泥洗液稀释，由于苛性碱和氧化铝的浓度同时降低，故稀释过程中溶液的组成由 B 点沿着等苛性比值线变化到 C 点。稀释之后，温度下降到 100℃ 左右，溶液中的氧化铝浓度由高温时的未饱和转为低温下的过饱和，并且温度越低，过饱和程度越大，由此可知 C 点溶液处于过饱和区域。连接 B、C 两点的线就被称为稀释线。

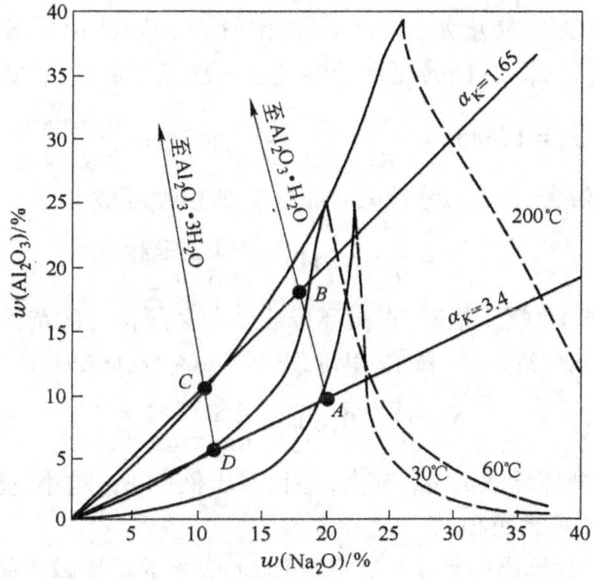

图 2-1 处理一水硬铝石型铝土矿的拜耳法循环图

往分离赤泥后的溶液中加入氢氧化铝晶种时，铝酸钠溶液分解析出氢氧化铝，氧化铝浓度降低，因而溶液的苛性比值上升，溶液组成沿着 C 点与 $Al_2O_3 \cdot 3H_2O$ 的组成点的连线变化，如果溶液在分解过程中最后冷却到 30℃，那么分解后的溶液组成在理论上可达到连线与 30℃ 等温线的交点。但是由于溶液成分达到 D 点以后，继续分解，则分解速度会很慢，析出的氢氧化铝很细且分离过滤困难，所以工业生产上一般分解到苛性比值达到 3.5～4.0 为止。连接 C、D 两点的线就称为晶种分解线。

分离氢氧化铝后的母液，经过蒸发，苛性碱和氧化铝浓度同时提高，故在理论上，蒸发过程中溶液的组成由 D 点沿着等苛性比值线变化到 A 点。但在实际中，由于生产过程中有苛性碱的化学损失和机械损失，这部分损失的碱需要补充。补充新碱后的循环母液成分便回到 A 点。连接 D、A 两点的线就称为蒸发线。

将上述四根线连接起来，就构成了 $ABCD$ 的封闭图形即拜耳法循环图。它表示着拜耳法生产中利用循环母液在高温下溶出铝土矿中的氧化铝，而后又在低温、低浓度、添加晶种的情况下析出氢氧化铝。而母液经过蒸发又浓缩到循环母液原来的成分，这样一个循环过程称之为拜耳法循环。可以看到，组成为 A 点的溶液经过一次这样的循环作业，便可以从矿石中提取出一批氧化铝，而其成分不发生变化。

在生产实际中，由于存在氧化铝和苛性碱的损失、溶出时冷凝水的稀释、添加晶种所带入的高苛性比值的母液等原因，生产过程与理想过程有差别，拜耳法循环图中的各条线段均会偏离图中所示的位置，对此要有所认识。

2.3 拜耳法的循环效率和循环碱量

循环效率是指 1 t 苛性碱(Na_2O_k)在一次拜耳法循环中所产出的 Al_2O_3 量(t)，用 E 表示。单位为($t \cdot Al_2O_3$)/($t \cdot Na_2O_k$)，这个指标反应了苛性碱在循环中的利用程度，E 的数值越高，说明苛性碱的利用率越好。

假定在生产过程中不发生 Al_2O_3 和 Na_2O_k 的损失，1 m^3 循环母液中含苛性碱(Na_2O_k)的质量为 n(t)，含 Al_2O_3 的质量为 a_1(t)，苛性比值为 α_{K1}；溶出后溶液含 Al_2O_3 的质量为 a_2(t)，苛性比值为 α_{K2}。那么，1 m^3 循环母液经过一次循环后产出 Al_2O_3 的质量 a 应为：

$$a = a_2 - a_1 = 1.645\times\left(\frac{n}{\alpha_{K2}} - \frac{n}{\alpha_{K1}}\right) = 1.645\times n\cdot\frac{\alpha_{K1} - \alpha_{K2}}{\alpha_{K1}\cdot\alpha_{K2}} \qquad (t)$$

因为 1 m^3 循环母液含有 n(t)苛性碱(Na_2O_k)，所以循环效率 E 为：

$$E = \frac{a}{n} = 1.645\times\frac{\alpha_{K1} - \alpha_{K2}}{\alpha_{K1}\cdot\alpha_{K2}}$$

循环碱量是指生产 1 t 氧化铝时，在循环母液中所必须含有的苛性碱的质量(t)(不包括碱损失)。它是 E 的倒数，常用 N 表示，单位为($t\cdot Na_2O_k$)/($t\cdot Al_2O_3$)。

$$N = \frac{1}{E} = 0.608\times\frac{\alpha_{K1}\cdot\alpha_{K2}}{\alpha_{K1} - \alpha_{K2}}$$

由此可见，溶出时循环母液的 α_{K1} 越大，并且溶出液的 α_{K2} 越小，循环效率越高，而生产 1 t Al_2O_3 所需要的循环碱量越小。

利用上述公式可以计算出生产 1 t Al_2O_3 理论上应配的苛性碱的质量。

在实际生产时，由于存在苛性碱损失。生产 1 t Al_2O_3 在循环母液中必须含有的苛性碱量应比理论值更大一些。

2.4 拜耳法的基本流程

拜耳法的基本流程见图 2-2 所示。

其中的主要工序有破碎、湿磨、溶出、稀释、沉降分离赤泥、赤泥洗涤、晶种分解、煅烧、蒸发和苛化等。

破碎：通常分为粗碎、中碎、细碎三段。所用设备有颚式、圆锥式、辊式和冲击式破碎机。

湿磨：将铝土矿按配料要求配入石灰和循环母液并磨制成合格的原矿浆。所用设备是球磨机。

溶出：在高温、高压条件下使铝土矿中的氧化铝水合物从矿石中溶浸出来，制成铝酸钠溶液而铁、硅等杂质则进入赤泥中。所用设备是高压溶出器。

稀释：溶出后的浆液用赤泥洗液加以稀释，以进一步脱出溶液中的硅，且更重要的是为沉降分离赤泥和晶种分解创造了必要的条件。所用设备是带有搅拌装置的稀释槽。

沉降分离赤泥：稀释后的溶出浆液送入沉降槽处理，以使铝酸钠溶液和赤泥分离开来。

赤泥洗涤：沉降分离出来的赤泥浆，必须加水洗涤，以回收赤泥附液中的有用成分(碱和氧化铝)。洗涤次数越多，有用成分损失越少。洗涤次数一般为 5～8 次。所用洗涤设备为沉降槽。

晶种分解：将彻底分离了赤泥的铝酸钠溶液(精液)送入分解槽内，加入 $Al(OH)_3$ 晶种，不断搅拌并逐渐降低温度，使之发生分解反应析出 $Al(OH)_3$。并得到含有 NaOH 的母液。所用分解设备为有搅拌装置的种分槽。

煅烧：用煅烧设备在高温下将 $Al(OH)_3$ 的附着水和结晶水除掉，并使其发生晶型转变，以获得适合电解铝生产要求的氧化铝。所用煅烧设备为回转窑、循环流态化煅烧炉和沸腾闪速煅烧炉。

蒸发：种分母液需要在蒸发器中浓缩，以提高其碱浓度，保持生产的循环体系中水量的

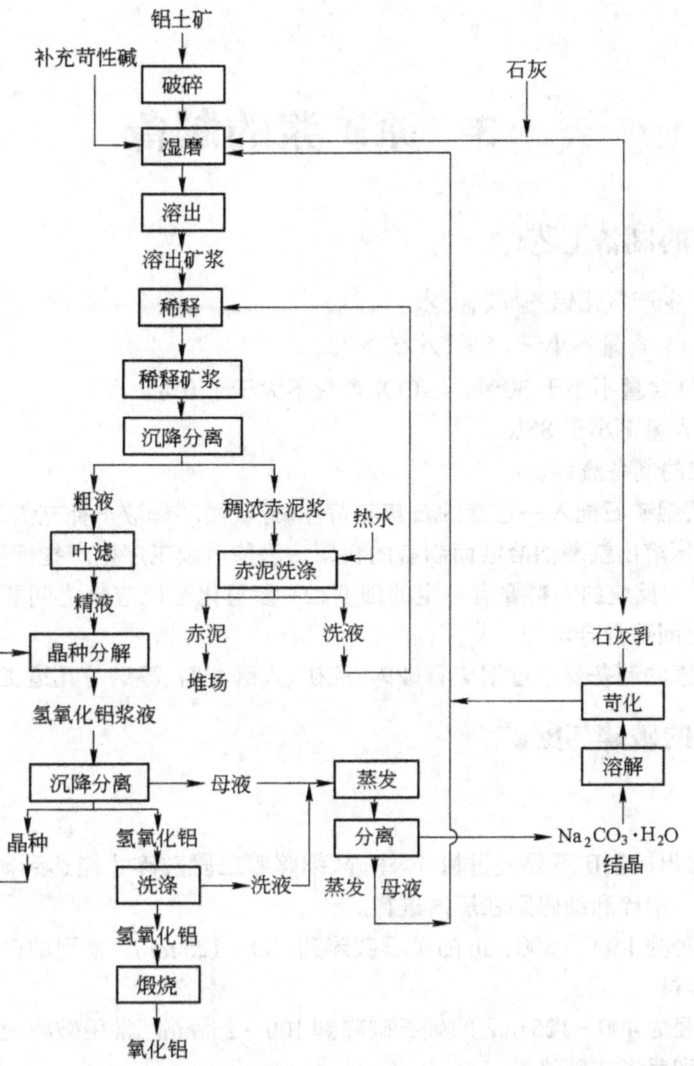

图 2-2　拜耳法基本流程

平衡，使循环母液达到符合拜耳法溶出的要求。所用设备为蒸发器。

苛化：在蒸发时还有一定数量的 $Na_2CO_3 \cdot H_2O$ 从母液中结晶析出，将其分离出来用 $Ca(OH)_2$ 苛化成 NaOH 溶液，与蒸发母液一同送往湿磨配料。

复习思考题

2-1　叙述拜耳法生产氧化铝的基本原理；拜耳法生产氧化铝包括哪几个主要生产工序？

2-2　什么是拜耳法的循环效率，循环效率的提高对拜耳法生产有什么实际意义？

3 原矿浆的制备

3.1 原矿浆的制备工艺

(1) 拜耳法生产氧化铝的原料要求

铝土矿:Al_2O_3 含量不小于 65%,$A/S>7$。

烧碱:NaOH 含量不小于 30%,Na_2CO_3 含量不大于 1.0%。

石灰:CaO 含量不小于 85%。

(2) 原矿浆的制备流程。

原矿浆是将铝矿石配入一定量的石灰和苛性碱液(循环母液+补充氢氧化钠)通过湿磨制成的,是为进行高压溶出铝酸钠溶液而制备的料浆。为使后续工序生产指标达到要求,要求原矿浆达到:1) 参与化学反应的物料要有一定的细度;2) 参与化学反应物之间要有一定的配比;3) 参与化学反应物之间要混合均匀。

因此,原矿浆的制备要经过铝矿石破碎、配矿、入磨配料、湿磨等几道工序才能完成。

3.2 铝矿石的破碎与配矿

3.2.1 破碎

从矿山开采出的铝矿石要经过粗碎、中碎、细碎等三段破碎才能达到矿石入磨的粒度要求。粗碎在矿山进行,中碎和细碎则在厂内进行。

粗碎:将直径为 1500~500 mm 的矿石破碎到 400~125 mm。常用破碎设备为旋回式圆锥破碎机或颚式破碎机。

中碎:将直径为 400~125 mm 的矿石破碎到 100~25 mm。常用破碎设备为标准型圆锥破碎机、颚式破碎机和反击式破碎机。

细碎:将直径为 100~25 mm 的矿石破碎到 25~5 mm。常用破碎设备为短头型圆锥破碎机和反击式破碎机。

3.2.2 配矿

配矿就是把已知成分的但有差异的几部分铝矿石根据生产需要,按比例混合均匀,使进入流程中的铝矿石的铝硅比和氧化铝、氧化铁含量符合生产要求。

3.2.2.1 配矿的方法

配矿工作是在破碎后的铝矿石被送到碎矿堆场分别堆放后开始进行,根据各小区碎矿的成分,按照生产上对铝矿石铝硅比和成分的要求,将参与配矿的各小区的矿石按比例均匀地堆放在几个大区里,每个大区的存矿量应有 10 天左右的需用量,以保证有配好的矿区和正在使用的矿区以及正在配料的矿区,不至于造成配矿过程的混乱。

配矿的方法根据所用设备的不同分为:吊车配矿、推土机配矿、贮罐配矿以及先进的堆取料机配矿等方法。前三种配矿方法已逐渐被堆取料机配矿所取代。

堆取料机是将吊车、推土机和皮带输送机的功能合在一起的先进设备。目前氧化铝厂都采用了这种设备进行配矿。

3.2.2.2 配矿计算

由于各供矿点供应的铝矿石成分波动较大,因此,根据铝矿石的地质资料,一般将碎矿堆场分成四个小区(1、2、3、4)和三个大区(A、B、C)。每一小区的堆矿量为一个班用的破碎量,每三个小区可配成一大区。

破碎工序应根据矿山供矿的成分分析,原则上在破碎后按成分的不同分堆堆放。经四个班以后,将四小区分别堆满。然后根据各小区矿的成分通过算术平均法算出哪几个小区所组成的混矿合格,从而将这几个小区的矿按配矿比例均匀地撒到一个大区里准备使用。这样三个大区周期性循环使用,从而保证了生产使用的是较为稳定的合格矿石。

配矿计算如下:

设两种铝土矿的成分如下:

	Al_2O_3/%	SiO_2/%	Fe_2O_3/%	A/S
第一种	A_1	S_1	F_1	K_1
第二种	A_2	S_2	F_2	K_2

若要求混矿的 A/S 为 K,则上述两种矿石的成分必须满足 $K_1<K<K_2$ 或 $K_1>K>K_2$,否则就达不到混矿要求。

设第一种矿石用 1 t 时,需配入第二种矿石 x(t),则可根据铝硅比定义求出 x:

$$K=\frac{A_1+A_2x}{S_1+S_2x}$$

$$X=\frac{A_1-KS_1}{K_2S-A_2}$$

计算出 x 后,即可求出混矿的化学成分为:

$$Al_2O_3=\frac{A_1+A_2x}{1+x}\times100\%$$

$$SiO_2=\frac{S_1+S_2x}{1+x}\times100\%$$

$$Fe_2O_3=\frac{F_1+F_2x}{1+x}\times100\%$$

3.3 拜耳法配料

3.3.1 拜耳法配料概念

拜耳法配料就是为满足在一定溶出条件下,达到技术规程所规定的氧化铝溶出率和溶出液苛性比值,而对原矿浆的成分进行调配的工作。

拜耳法配料指标主要是配苛性碱量、石灰量和原矿浆液固比。

3.3.2 拜耳法配料计算

苛性碱是通过配循环母液量来加入的。单位矿石所需用的循环母液量(m^3)叫作配碱量;满足生成($2CaO\cdot TiO_2$)的单位矿石所需用的石灰量(t 或 %)叫作配石灰量。

3.3.2.1 配碱量的计算

配碱量就是配苛性碱量，要考虑三个方面的需求：

(1) 溶出液要有一定的苛性比值；

(2) 氧化硅生成含水铝硅酸钠；

(3) 溶出过程中由于反苛化反应和机械损失的苛性氧化钠。

在生产实际中，配料时加入的碱并不是纯苛性氧化钠，而是生产中返回的循环母液。循环母液中除苛性氧化钠外，还有氧化铝、碳酸钠和硫酸钠等成分。所以在循环母液中有一部分苛性氧化钠与母液本身的氧化铝结合，称为惰性碱，剩下的部分才是游离苛性氧化钠，它对配料才是有效的。因此，循环母液中有效苛性氧化钠可用下式来计算：

$$n = \rho(Na_2O_k) - \frac{\alpha_K \rho(Al_2O_3)}{1.645}$$

式中 n——循环母液中有效苛性氧化钠的质量浓度，g/L；

$\rho(Na_2O_k)$——循环母液中苛性氧化钠的质量浓度，g/L；

α_K——生产规定的溶出液苛性比值；

$\rho(Al_2O_3)$——循环母液中氧化铝的质量浓度，g/L；

1.645——氧化铝与氧化钠的相对分子质量之比值。

综上所述，则处理 1 t 铝土矿应配入的循环母液量可用下式来计算：

$$V = \frac{0.608AB\alpha_K + M(S_1 + S_2) + 1.41C + x}{\rho(Na_2O_k) - 0.608\alpha_K \rho(Al_2O_3)}$$

式中 V——每 1 吨铝土矿应配入的循环母液体积，m^3/t·矿；

A——每 1 吨铝土矿所带入的氧化铝质量，kg/t·矿；

B——规定的氧化铝溶出率；

α_K——规定的溶出液苛性比值；

0.608——氧化钠与氧化铝的摩尔质量的比值；

M——溶出赤泥成分中氧化钠和氧化硅的质量比值，一般取 0.4～0.5；

S_1、S_2——分别为铝土矿和石灰所带入的氧化硅的质量，kg/t 矿；

1.41——Na_2O 和 CO_2 摩尔质量的比值；

C——矿石和石灰带入的 CO_2 的质量，kg/t 矿；

x——磨矿和溶出过程中苛性氧化钠的机械损失，kg/t 矿；

$\rho(Na_2O_k)$——循环母液中苛性氧化钠的质量浓度，g/L；

$\rho(Al_2O_3)$——循环母液中氧化铝的质量浓度，g/L。

式中，分子部分是溶出 1 t 铝土矿所需配入的苛性氧化钠数量(kg)，其中〔$0.608AB\alpha_K$〕项是从铝土矿进入溶出液中的氧化铝所需要的苛性氧化钠；[$M(S_1 + S_2)$]项是铝土矿和石灰中的氧化硅生成硅渣所消耗的苛性氧化钠；〔$1.41C$〕项是矿石和石灰带入的 CO_2 在溶出过程中二氧化碳和苛性氧化钠化合成碳酸钠所消耗的苛性氧化钠；〔x〕项是机械损失的苛性氧化钠，该碱即是需要补充的苛性碱数量。而分母部分[$\rho(Na_2O_k) - 0.608\alpha_K \rho(Al_2O_3)$]是循环母液中有效苛性氧化钠的质量浓度。

3.3.2.2 石灰配入量的计算

拜耳法配料配入的石灰数量是以铝土矿中所含氧化钛(TiO_2)的数量来确定的。按其反应式要求氧化钙与氧化钛的量之比为 2.0。因此，1 t 铝土矿中石灰配入量 W(t)为：

$$W = 20 \times \frac{56}{80} \times \frac{T}{C} = 1.4 \times \frac{T}{C}$$

式中 T——铝矿石中 TiO_2 的质量分数，%；

C——石灰石中 CaO 的质量分数，%；

56、80——分别为 CaO 和 TiO_2 的摩尔质量，g/mol；

2.0——钛酸钙化合物中氧化钙的物质的量与氧化钛的物质的量之比。

在生产中是以饲料机的转速来控制铝矿石和石灰的添加量。

3.3.2.3 原矿浆液固比的计算

在生产中，矿石、石灰和母液的配入量计算好后，矿石和石灰通过饲料机加入磨机，配碱量通过控制循环母液下料量来进行配碱操作。循环母液的下料量是用同位素密度计自动测定原矿浆液固比，再根据原矿浆液固比的波动来调节母液的加入量。

液固比(L/S)是指原矿浆中溶液质量与固体质量的比值。其计算公式如下：

$$L/S = \frac{V \cdot \rho_L}{1000 + W}$$

也可以表示为：

$$L/S = \frac{\rho_L(\rho_S - \rho_P)}{\rho_S(\rho_P - \rho_L)}$$

式中 L/S——原矿浆液固比；

V——1 t 铝土矿应配入的循环母液量，m^3/t 矿；

ρ_L——循环母液的密度，kg/m^3；

1000——1 t 铝土矿，kg；

W——1 t 铝土矿中需要配入的石灰量，kg；

ρ_S——矿石加石灰的固相密度，kg/m^3；

ρ_P——原矿浆的密度，kg/m^3。

生产中 ρ_S 和 ρ_L 是稳定的，通过放射性同位素密度仪测定出原矿浆的密度(ρ_P)，可以很方便地求出原矿浆的液固比。

当配料正确时，溶出率和苛性比值应等于或接近于技术规程所规定的指标；当溶出率达到指标而苛性比值偏高时，则说明配碱量过多；当溶出操作条件正常时，溶出率低于技术指标而苛性比值并不高，则说明配碱量不足。因此，在生产中为便于控制指标，往往根据具体条件将上述计算公式加以简化，列成有效苛性氧化钠(n)、铝土矿中的氧化铝含量和原矿浆液固比的关系对照表，以便岗位操作者及时调整母液的加入量。

3.4 原矿浆的磨制及调节

3.4.1 原矿浆的磨制流程

原矿浆的磨制(简称磨矿)是指通过磨机将细碎后的矿石进一步变细，并能达到进行溶出化学反应要求粒度的工序。在拜耳法氧化铝生产中，在这道工序，矿石要与石灰、循环碱液一起进入磨机内进行混合湿磨得到合格的原矿浆，因此这道工序也是拜耳法氧化铝生产的配料工序。磨矿所用设备一般为球磨机。图 3-1 为原矿浆的磨制流程。

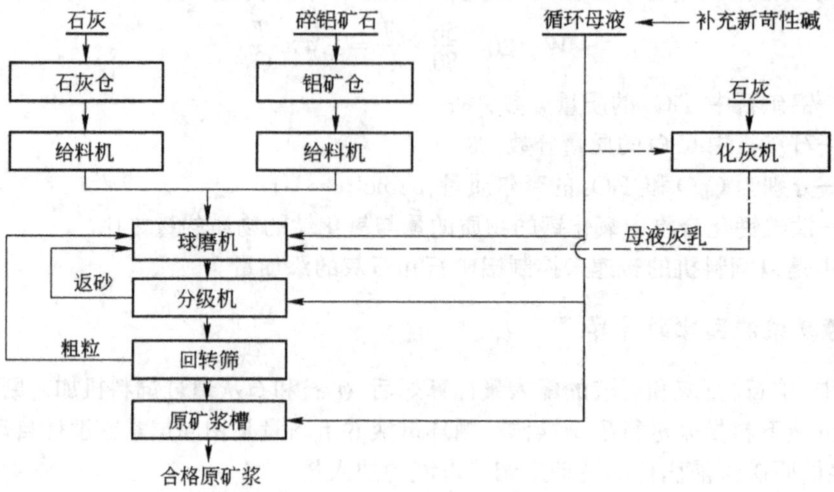

图 3-1 原矿浆的磨制流程

3.4.2 影响磨机产能的因素

影响磨机产能的因素有以下几项。

(1) 矿石的可磨度的影响

矿石物理性质如结晶特性、硬度,韧度等都会对磨矿产生影响。一般地说矿石晶体微小,结构致密,硬度大的可磨度差,比较难磨;相反,矿石晶体粗大,结构疏松,硬度小的可磨度好,比较易磨。

(2) 给矿粒度和产品细度的影响

当矿石物理性质相同,要求的产品细度一样时,给矿粒度越小,球磨机的生产率越高;当给矿粒度相同,产品细度要求不同时,细度要求越细,球磨机的生产率就越低。

(3) 各种入磨物料的比例的影响

在氧化铝生产中,无论是拜耳法还是烧结法,入磨物料都在两种以上,拜耳法的入磨物料有铝矿石和石灰。这两种物料的比例稳定时,球磨机的生产率高;反之,生产率则低。物料中石灰比例增加时,也将会降低生产率。

(4) 磨机介质的大小和密度的影响

在生产上给矿粒度的大小和组成往往是不同的,同时球对矿石的冲击力和冲击次数又不一样,又要考虑到矿石在球磨机中的粒度越磨越细。所以在球磨机的同一仓中装入多种规格的球。一般是最大和最小直径的球量少,中级直径的球量多。对多仓球磨机来说,在第一仓内进行第一阶段的磨碎,冲击作用应强些,因此,球径应大些,而在最后一仓内,物料已经磨得较细了,因此,使用直径较小的圆柱形的钢段,以加强磨剥作用。

选择磨矿介质的大小,取决于球的密度,给矿粒度,矿石的可磨度和所要求的产品细度等因素。在生产上要求产品的细度是一定的,则在要求的密度和矿石可磨度相似的情况下球的大小选择,就视其入磨矿石粒度组成而定。

通常用的球直径 D(mm)的计算公式是:

$$D=28d^{\frac{1}{3}}$$

式中,d 为给矿粒度直径,mm。

经实践证明,在给矿粒度较大时,按上式计算球径,结果偏小,应予适当修正。

(5) 磨矿浓度的影响

磨矿浓度是以磨出矿浆的液固比或固相百分含量来表示,一般以液固比表示。

矿浆液固比小时,优点是:流出的单位容积矿浆内所含的固相量多,排矿量大;同时球上粘附着一层矿浆,磨矿效果较好。缺点是:矿浆相对密度大,球的有效相对密度及活动性能降低,相应之下就减小了球的磨矿作用;同时矿浆的流动性也降低。

矿浆液固比大时,优点是:球的有效相对密度及活动性增加,磨矿作用也提高,球磨机中能显示出一定的分级作用。缺点是:粗物料不易被排出;同时球上附着的矿浆很少,这就相应降低了磨矿效果。

因此说磨矿浓度过大和过小均不利,有一最适宜的浓度,其值应根据生产实践来确定。

3.4.3 磨矿工艺操作

A 开车

开车步骤如下:

(1) 检查油泵的油压;

(2) 检查磨机分压;

(3) 通知碱液泵开车,并检查碱液流量及是否入磨;

(4) 碱液入磨后,磨机开磨;

(5) 磨机运转正常后,给料机开始下料。

B 停车

停车步骤如下:

(1) 首先停止下料;

(2) 待分级机料无返砂时,停分级机;

(3) 最后停磨。

3.4.4 磨矿技术条件及指标的控制

(1) 入磨铝矿粒度:≤20 mm;

(2) 入磨石灰粒度:≤30 mm;

(3) 入磨石灰中有效氧化钙含量:CaO≥85%;

(4) 磨机内液固比:0.4～0.8;

(5) 分级机溢流液固比:3.0～4.0;

(6) 原矿浆细度:100 号筛残留低于 10%,160 号筛残留低于 20%。

为了保证原矿浆的细度,应严格控制球磨机内矿浆的液固比、分级机溢流矿浆的液固比和返砂量。

球磨机内液固比大,磨内矿浆流动速度快,停留时间短,矿石得不到充分的研磨;磨内液固比控制过小,虽然矿浆在磨机内停留时间延长,但影响球磨机的生产率。

分级机溢流矿浆的液固比反映了进入分级机的矿浆浓度。液固比增加,矿浆浓度降低,也就是溢流的粒度变细,但是液固比也不能过量的放大。

返砂量的变化会引起整个磨矿过程的变化。因此,根据经验决定了最恰当的返砂量后,应尽量地保持稳定。

磨内液固比和分级机溢流液固比是用循环母液量来调节的。

3.4.5 磨矿常见故障的发生原因与处理方法

3.4.5.1 跑磨

跑磨故障是指料浆未被磨到合格细度就从磨机出来，进入下一工序。

此故障发生原因如下：

(1) 给矿量过多，超出磨机磨矿的能力；

(2) 返砂比过大。

该故障处理方法如下：

(1) 稳定给矿量；

(2) 降低返砂比。

3.4.5.2 堵磨

此故障发生原因如下：

(1) 碱液量少，磨机内浆液的液固比小，不能将料带出；

(2) 石灰下料量过多；

(3) 出料端筛板被堵塞。

该故障处理方法如下：

(1) 停止下料，增大碱液量；

(2) 停止下料，用高压水冲掉石灰；

(3) 清理筛板。

3.4.6 原矿浆成分的调节

在磨矿中，球磨机的固体下料量要求稳定，因此，原矿浆成分的调节主要是调节原矿浆的液固比即调整循环母液的加入量。在拜耳法磨矿中，循环母液分别是在磨机内、分级机内和混合槽内三个点加入，而磨机内和分级机溢流的液固比在磨矿的操作中要求稳定。因此，调节原矿浆的液固比，实际上是靠增减加入混合槽的循环母液量来实现。

稳定循环母液的浓度和严格铝土矿的配矿制度是确保拜耳法正确配碱的有效措施。同时应尽量减少非生产用水进入流程及提高石灰质量等，这些都是有利于拜耳法正确配料而达到良好溶出指标的重要保证。

复习思考题

3-1 氧化铝生产原料制备工序的主要任务是什么？

3-2 铝土矿破碎所要求的技术指标是什么？

3-3 配矿的作用是什么？对混矿质量要求的指标。

3-4 磨矿的作用是什么？

3-5 影响球磨机生产率的因素有哪些？

3-6 原矿浆配料计算中确定配碱量的依据是什么？

3-7 什么是浆液液固比？写出浆液液固比和密度的关系式？

3-8 生产中是怎样进行原矿浆配料控制的？

4 拜耳法高压溶出

4.1 高压溶出原理

原矿浆是由铝矿石、循环母液和石灰组成的混合物。溶出是利用循环母液的苛性碱把矿石中的氧化铝溶解出来成为铝酸钠溶液。但是铝土矿中除氧化铝外，还有不少的杂质如氧化硅、氧化钛、氧化铁、碳酸盐、有机物和硫化物以及一些微量物质如镓、铬、钒等。另外添加的石灰除主要成分氧化钙外，还有碳酸钠，硫酸钠以及铝硅酸盐等杂质，也会同时进入原矿浆里。因此，原矿浆的组成是很复杂的，在溶出过程中的化学反应也就会是十分复杂的。

为清晰了解溶出过程，可将溶出化学反应分为主反应和副反应两大类：主反应是氧化铝水合物的溶出反应；副反应是各种杂质在溶出过程的反应。

通过主副反应，铝土矿中的氧化铝进入溶液，而各种杂质进入渣中，从而达到有用物质与杂质分离的目的。

4.1.1 氧化铝水合物的溶出反应

铝土矿主要有如下三种类型：三水铝石型铝土矿、一水软铝石型铝土矿、一水硬铝石型铝土矿。这三种类型的铝土矿由于其氧化铝水合物的结构和组成不同，它们在苛性碱溶液中的溶解度和溶解速度并不相同。

常压下，上述三种类型的铝土矿在苛性碱溶液中的溶解难易程度如下：三水铝石型铝土矿容易溶出；一水软铝石型铝土矿不易溶出；一水硬铝石型铝土矿很难溶出。

但是当对不同的铝土矿采取不同的溶出条件时，三种类型铝土矿中的氧化铝都能溶解进入苛性碱溶液中。

在常压条件下，三水铝石型铝土矿就会与苛性碱发生反应生成铝酸钠溶液：

$$Al(OH)_3 + NaOH + aq = NaAl(OH)_4 + aq$$

在高温高压条件下，一水软铝石型铝土矿或一水硬铝石型铝土矿才会与苛性碱发生反应生成铝酸钠溶液：

$$AlOOH + NaOH + aq = NaAl(OH)_4 + aq$$

4.1.2 氧化硅在溶出过程中的行为

4.1.2.1 氧化硅在铝土矿中的存在形式

铝土矿中的氧化硅一般以石英(SiO_2)、蛋白石($SiO_2 \cdot nH_2O$)、高岭石($Al_2O_3 \cdot 2SiO_2 \cdot 2H_2O$)和叶蜡石($Al_2O_3 \cdot 4SiO_2 \cdot H_2O$)等形态存在。

4.1.2.2 氧化硅在溶出时的反应

由于形态、粒度、苛性碱浓度及温度的不同，氧化硅与苛性碱的反应也不同。

石英(SiO_2)化学活性小，在125℃下不与苛性碱反应，但在125℃以上会与碱反应。所以，三水铝石型铝土矿中的石英会进入渣中。而一水铝石型铝土矿中的石英则全部溶解。

$$SiO_2 + 2NaOH \longequal Na_2SiO_3 + H_2O$$

蛋白石($SiO_2 \cdot nH_2O$)能很容易的与苛性碱反应:

$$SiO_2 \cdot nH_2O + 2NaOH \longequal Na_2SiO_3 + H_2O$$

上面两个反应生成的可溶性硅酸钠又会与溶液中的铝酸钠反应生成不溶性的含水铝硅酸钠进入赤泥:

$$1.7Na_2SiO_3 + 2NaAlO_2 + aq \longequal Na_2O \cdot Al_2O_3 \cdot 1.7SiO_2 \cdot nH_2O \downarrow + 3.4NaOH + aq$$

高岭石($Al_2O_3 \cdot 2SiO_2 \cdot 2H_2O$)也较容易与苛性碱反应:

$$Al_2O_3 \cdot 2SiO_2 \cdot 2H_2O + 6NaOH + aq \longequal 2NaAlO_2 + 2\ Na_2SiO_3 + aq$$

两个生成物又会相互反应生成不溶性的含水铝硅酸钠进入赤泥:

$$2NaAlO_2 + 1.7\ Na_2SiO_3 + aq \longequal Na_2O \cdot Al_2O_3 \cdot 1.7SiO_2 \cdot nH_2O \downarrow + 3.4NaOH + aq$$

从上述反应可见,铝土矿中的氧化硅在溶出时最终会以不溶性的含水铝硅酸钠形式入渣。

4.1.2.3 氧化硅对生产的危害

氧化硅对生产的危害如下:

(1) 会造成氧化铝和苛性碱的损失。从含水铝硅酸钠的分子式可看出:矿石中有 1 kg 的 SiO_2,就会有 1 kg 的 Al_2O_3 和 0.608 kg 的 Na_2O 结合成含水铝硅酸钠进入赤泥而损失。铝土矿中 SiO_2 越多,氧化铝和苛性碱的损失就越大;铝土矿中 SiO_2 越少,氧化铝和苛性碱的损失也就越小。

(2) 在流程中的管道结疤,影响生产的正常进行。反应生成的含水铝硅酸钠除大部分进入赤泥而排出外,还有少量保留在溶液中。但残留在溶液中的 SiO_2 仍然是过饱和的,它随着生产过程中条件的变化,陆续在各工序中析出,导致管道和设备内壁结垢,影响传热和增加清理工作量。

(3) 溶液中的 SiO_2 还可能进入产品氧化铝中影响产品的质量。

因此,氧化硅是碱法生产氧化铝中最大的有害杂质。

4.1.2.4 减轻氧化硅危害的措施

减轻氧化硅危害的措施如下:

(1) 选用铝硅比高的铝土矿,矿石中氧化硅数量就会减少,含水铝硅酸钠的生成数量也就相应减少。

(2) 在溶出时添加石灰,其化学反应式:

$$3Na_2O \cdot Al_2O_3 \cdot nSiO_2 \cdot nH_2O + 3Ca(OH)_2 = 3CaO \cdot Al_2O_3 \cdot nSiO_2 \cdot (6-2n)H_2O + 6NaOH$$

溶出时添加石灰,使氧化硅生成水化石榴石,从该分子式可看出:这样会使价格高的氧化钠损失减少,但是氧化铝的损失会增大。所以是否添加石灰要从经济角度考虑。

4.1.3 氧化钛在溶出过程中的行为

A 氧化钛在铝土矿中的存在形式

氧化钛一般以金红石或锐钛矿和板钛矿的形态存在,两者晶型结构不同。

B 氧化钛在溶出时的反应

在不加石灰时,氧化钛与苛性碱作用生成不溶性的钛酸钠。反应式如下:

$$3TiO_2 + 2NaOH = Na_2O\cdot 3TiO_2\cdot 2H_2O\downarrow$$

C 氧化钛对生产的危害

(1) 氧化钛在溶出时生成的不溶性钛酸钠会造成苛性碱的损失。

(2) 在一水硬铝石型铝土矿溶出时,结晶致密的钛酸钠会形成一层保护膜把矿粒包裹起来,阻碍一水硬铝石的溶出,使溶出率降低。而三水铝石型铝土矿易溶解,在钛酸钠生成之前已经溶解完毕,所以氧化钛对三水铝石型铝土矿的溶出没有影响。一水软铝石型铝土矿,则受到一定程度的影响。

(3) 细小钛酸钠会生成胶体,恶化赤泥沉降。

D 消除氧化钛危害的措施

消除氧化钛危害的措施如下:

(1) 加石灰的消除:在溶出一水硬铝石时加石灰,TiO_2 会与 CaO 作用生成不溶性的钛酸钙:

$$2CaO + TiO_2 + 2H_2O = 2CaO\cdot TiO_2\cdot 2H_2O\downarrow$$

钛酸钙结晶粗大松脆,易脱落,所以氧化铝溶出不受影响,并且消除了生成钛酸钠所造成的苛性碱损失。

(2) 延长浸出时间和提高温度,使钛酸钠再结晶长大,自动破坏保护膜。

4.1.4 氧化铁在溶出过程中的行为

A 氧化铁在铝土矿中的存在形式

铝土矿中的氧化铁主要是以赤铁矿(α-Fe_2O_3)形态存在。

B 氧化铁在溶出时的反应

在铝土矿溶出的条件下,氧化铁作为碱性氧化物不与苛性碱作用,Fe_2O_3 及其水合物全部残留于固相而进入泥渣中,使泥渣呈红色,所以溶出的泥渣也叫做赤泥。

C 氧化铁对生产的危害

氧化铁虽然不进入溶液,也不引起碱和氧化铝的化学损失。但是,矿石中氧化铁含量愈大,赤泥量就愈大,由于赤泥吸附作用,洗涤不净造成碱和氧化铝的机械损失也就越多。

4.1.5 硫在溶出过程中的行为

A 硫在铝土矿中的存在形式

硫在铝土矿中主要是以黄铁矿(FeS_2)及其异构体白铁矿和胶黄铁矿的矿物形态存在。

B 硫在溶出时的反应

在溶出过程中,硫化物能与苛性碱反应生成硫化钠(Na_2S)和硫代硫酸钠(Na_2SO_3),其中硫化钠在流程中与空气接触最终被氧化成硫酸钠;胶溶状态的硫化亚铁(FeS)也会进入溶液。

C 对生产的危害

硫对生产的危害如下:

(1) 铝土矿中的硫化物生成硫化钠,造成有效苛性碱的损失;同时使铝酸钠溶液中的硫酸钠含量增高,达到一定浓度后,在母液蒸发时便有碳钠矾($2Na_2SO_4\cdot NaCO_3$)析出,会引起蒸发器加热面结垢而堵管,影响蒸发作业的正常进行。

(2) 硫化亚铁(FeS)水溶胶分散在溶液中,它可以透过过滤介质进入精液,将影响产品氧化铝的质量,使氧化铝的含铁量增高。

(3) 当硫代硫酸钠(Na_2SO_3)在铝酸钠溶液中的含量增高到一定程度后,会严重腐蚀钢制设备,影响设备的使用寿命。所以,矿石中的硫化物是一种有害的杂质,一般要求矿石中硫的含量不高于0.7%。

D 消除硫危害的措施

如果矿石中硫含量大,可采取下列方法除掉:

(1) 采用沸腾焙烧的方式,将矿石在200℃连续焙烧20~30 min,使矿石中的硫以SO_2烧除。

(2) 添加氧化锌,使硫以硫化锌方式除掉。

4.1.6 碳酸盐在溶出过程中的行为

A 碳酸盐在铝土矿中的存在形式

碳酸盐是由铝土矿和质量差的石灰带入生产流程的,通常以$CaCO_3$、$MgCO_3$和$FeCO_3$等形式存在。

B 碳酸盐在溶出时的反应

碳酸盐在高温高压溶出时,与苛性碱溶液能进行反苛化反应生成碳酸钠。如:

$$CaCO_3 + 2NaOH = Ca(OH)_2 + Na_2CO_3$$

C 碳酸盐对生产的危害

碳酸盐对生产的危害如下:

(1) 碳酸盐的存在能消耗苛性碱,使循环母液溶出铝土矿中氧化铝的能力下降。

(2) 反苛化反应生成的碳酸钠在蒸发时,会结晶析出粘附在加热管表面上,影响传热,降低蒸发效率。

所以碳酸盐在生产中也是一种有害杂质。

4.1.7 有机物微量元素在溶出过程中的行为

(1) 铝土矿中的有机物通常以腐殖质和沥青的形态存在。

沥青不与碱作用而进入赤泥中;腐殖质能与碱作用生成草酸钠和蚁酸钠进入溶液中。当铝酸钠溶液中有机物含量过高时。溶液的黏度增大,这不利于赤泥分离和晶种分解。

(2) 铝土矿中常含有多种微量元素,其中主要有镓、钒等元素。

镓、钒等元素与碱作用进入溶液中,生成镓酸钠($NaGaO_2$)和钒酸钠(Na_3VO_4)。随着溶液的不断循环使用,镓酸钠和钒酸钠不断富集,当达到一定浓度时,降温使之以氢氧化物形式分解析出,然后去提镓和提钒。

4.2 影响高压溶出过程的因素

为使高压溶出达到合格的氧化铝溶出率,就要对各种相关的技术条件进行控制。在我国铝土矿的类型(一水硬铝石型)已经确定的情况下,在溶出过程中主要是控制矿石细度、循环母液苛性碱浓度和苛性比值、溶出液的苛性比值、溶出温度和石灰添加量等技术条件。

4.2.1 矿石细度

由于溶出反应是在相界面进行的,因此,溶出速度是与相界面的面积成正比的。而矿石的比表面积与其粒子直径大小成反比,所以矿石磨得越细其比表面积就愈大,溶出速度就愈快。另外,矿石磨细还可以把被杂质包围起来的氧化铝水合物表面暴露出来,能有效地与碱液接触,加快溶出速度。

但是如果磨得太细,能引起赤泥沉降性能变坏,并且增加能耗,降低设备产能。

因此,对不同矿石的最佳磨细程度应通过试验和生产实践来确定。

某厂磨细指标为 100 号筛残留小于 10%,160 号筛残留小于 20%。

4.2.2 循环母液苛性碱浓度和苛性比值

如果仅对溶出工序,提高循环母液苛性碱浓度和苛性比值不仅能加快铝土矿的溶出速度,提高溶出率,而且还能提高设备产能和劳动生产率。

但是,从整个生产流程来看,过分地提高循环母液浓度和苛性比值并不经济,因为:

(1) 晶种分解时要求铝酸钠溶液的浓度不能太高,种分母液中的苛性碱浓度一般在 140g/L 左右,因此,要求循环母液浓度越高,必须蒸发掉的水分就越多,这样将会造成结疤严重,影响蒸发效率,增加气耗。

(2) 苛性碱浓度增高后,对钢制设备的腐蚀作用加剧,降低设备使用年限。

(3) 要求循环母液苛性比值越高,则晶种分解时间就越长,会降低分解设备的产能。

因此,循环母液苛性碱浓度和苛性比值要通过技术经济指标的核算来确定。

采用蒸汽直接加热溶出流程,由于有稀释作用,要求循环母液苛性碱浓度达 270～300 g/L,苛性比值为 3.5。采用蒸气间接加热溶出流程,则要求循环母液苛性碱浓度为 240 g/L 左右。

4.2.3 溶出液的苛性比值

溶出液苛性比值的高低不但对溶出过程有影响,而且对赤泥分离和晶种分解等生产过程也都起着极大的作用。当溶出液苛性比值高时,晶种分解的速度就慢,种分分解率就低。这样使循环效率降低,物料流量增大,降低了设备产能,增加了加工费用。反之,溶出液苛性比值低,晶种分解速度快,种分分解率高,这样不仅提高了循环效率,减少了物料流量,而且还能提高设备产能,降低加工费用。在工业生产中,往往采用低苛性比值溶出的技术条件,来提高循环效率,改善整个生产过程的技术条件。

在工业生产中,溶出液的苛性比值,一般控制在 1.55 左右。溶液在这个苛性比值条件下,在种分之前不会分解。

4.2.4 溶出的温度

温度是影响氧化铝溶出率最主要的因素。在其他条件相同时,溶出的温度越高,溶出率就会越高,溶出时间就越短。如果溶出的温度提高到 300℃时,无论哪种类型的铝土矿,溶出过程都可以在几分钟内完成,而且得到近于饱和的铝酸钠溶液。

所以,溶出工艺技术的进步主要体现在溶出温度的提高上,因为温度提高与溶出器内的压力有关,温度越高,溶出器内的压力就会越高,溶出器器壁的厚度在直径不变时则应越厚才能承受,但这样受到了设备制造的限制。如果溶出器的直径越小,在溶出器器壁的厚度不变时,越能承受更高的压力。管道化溶出工艺的先进就在于能将溶出的温度提高到 300℃以上。

目前,我国生产企业的直接加热溶出流程控制溶出温度在 240℃以上。

4.2.5 石灰添加量

溶出一水硬铝石时,在溶出过程中添加适量的石灰,可以加速溶出反应的进行,有利于提高溶出率。原因前面已介绍过。

石灰添加量要根据铝土矿中氧化钛的含量进行添加，如果过量，则多余的石灰会在溶出过程中生成水化石榴石（$3CaO·Al_2O_3·nSiO_2·(6-2n)H_2O$），使氧化铝溶出率降低。

4.3　衡量溶出效果的指标

在生产上，衡量铝土矿中氧化铝的溶出效果指标是理论溶出率、实际溶出率和相对溶出率。

4.3.1　理论溶出率

理论溶出率是指理论上矿石中可以溶出的氧化铝（扣除不可避免的化学损失）与矿石中所含氧化铝的质量的比值，用 $\eta_{理}$ 表示。

在前面 4.1.2 的内容中介绍了，在高压溶出时，当矿石中的氧化铝能溶出的已经全部溶出时，矿石中的氧化硅也已全部反应生成含水铝硅酸钠（$Na_2O·Al_2O_3·1.7SiO_2·nH_2O$）进入赤泥。从该分子式可以计算出矿石中 1 t 的 SiO_2 能够造成 1 t Al_2O_3 和 0.608 t Na_2O_k 的损失，而这部分的损失是由于化学反应的结果所造成的，在溶出过程不能进行控制，是不可避免的损失。所以在进行理论溶出率的计算时就是要扣除掉这部分的损失。

计算公式如下：

$$\eta_{理}=\frac{(A/S)_{矿}-1}{(A/S)_{矿}}\times100\%$$

式中　$\eta_{理}$——铝土矿中所含 Al_2O_3 的 $\eta_{理}$ 理论溶出率，%；

$A_{矿}$——铝土矿中所含 Al_2O_3 的质量分数，%；

$S_{矿}$——铝土矿中所含 SiO_2 的质量分数，%。

所以理论溶出率的计算，根据铝土矿 A/S 的数值，作为一个比较的依据，在溶出前就可进行。从公式可以知道，矿石铝硅比越高，理论溶出率就会越高，越有利于拜耳法的处理。

4.3.2　实际溶出率

实际溶出率是指矿石实际溶出的氧化铝与矿石中所含氧化铝的质量的比值，用 $\eta_{实}$ 表示。

实际中生成的赤泥量是无法直接确定的，但是氧化铁在溶出过程中会全部进入赤泥，所以可以通过氧化铁分别在矿石和赤泥中的质量分数来确定赤泥的产出量，从而得出实际溶出率。

$$\eta_{实}=\left(1-\frac{A_{赤}\cdot F_{矿}}{A_{矿}\cdot F_{赤}}\right)\times100\%$$

式中　$\eta_{实}$——铝土矿中所含 Al_2O_3 的实际溶出率，%；

$A_{赤}$、$F_{赤}$——分别是赤泥中所含的 Al_2O_3 和 Fe_2O_3 的质量分数，%；

$A_{矿}$、$F_{矿}$——分别是矿石中所含的 Al_2O_3 和 Fe_2O_3 的质量分数，%。

4.3.3　相对溶出率

相对溶出率是指实际溶出率与理论溶出铝的比值，用 $\eta_{相}$ 表示。

由于不同铝硅比的矿石它们的理论溶出率不同，所以为了衡量不同溶出制度的效果，提出了这个指标。用下式表示：

$$\eta_{相}=\frac{\eta_{实}}{\eta_{理}}\times100\%$$

4.4　高压溶出工艺

在工业上使用的高压溶出流程为连续溶出工艺流程。按溶出设备的不同分为压煮器溶出流程和管道化流程溶出。压煮器溶出工艺按加热方式的不同又分为蒸汽直接加热溶出和蒸汽间接加热溶出两种流程。目前,我国氧化铝厂采用的高压溶出流程有蒸汽直接加热溶出流程和单管预热-间接加热压煮器溶出流程两种。

4.4.1 蒸汽直接加热溶出流程

用蒸汽直接加热并搅拌的高压溶出器组内,料浆是由设备系统前后的压差推动着依次在各个压煮器中从上而下地流动着。压煮器底部的矿浆则通过出料管反流向上排入下一个压煮器。

蒸汽直接加热压煮器组流程见图 4-1 所示。

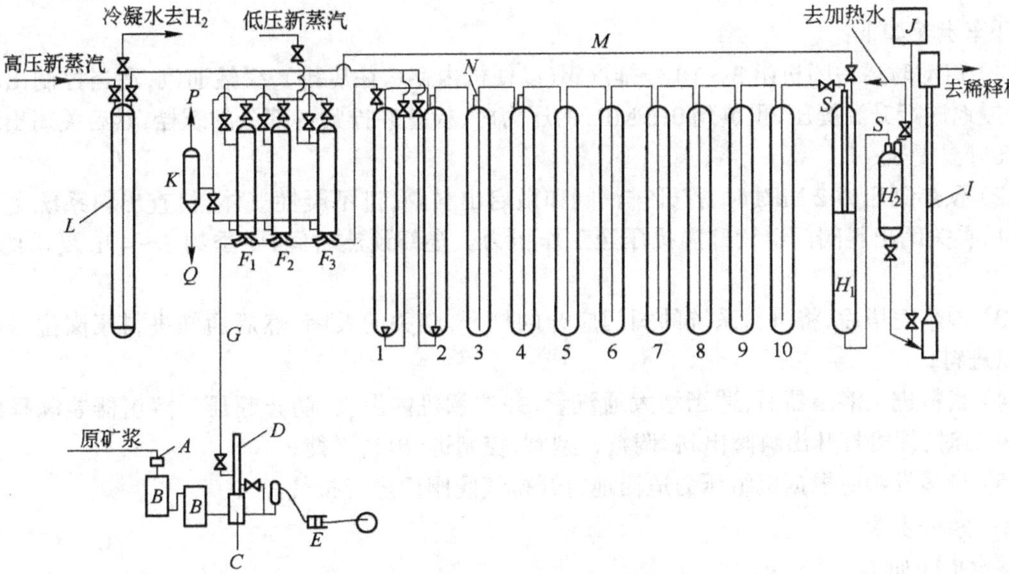

图 4-1 直接加热高压溶出设备流程图

A—原矿浆分料箱;B—原矿浆槽;C—泵进口空气室;D—泵出口空气室;
E—油压泥浆泵;F—双程预热器;G—原矿浆管道;H—自蒸发器;
I—溶出矿浆缓冲器;J—赤泥洗液高位槽;K—冷凝水自蒸发器;
P、Q—去加热赤泥滤液;L—高压蒸汽缓冲器;N—不凝性气体排出管;
M—乏汽管道;S—减压阀;1、2—加热溶出器;3~10—反应溶出器

磨制好的原矿浆,在进入溶出器之前,需将矿浆中的硅脱掉一部分,这样可减轻加热表面的结疤,延长加热器的清理周期,所以原矿浆在矿浆槽内搅拌并停留 3~4 h 进行预脱硅,预脱硅效果能达 60%,然后由泥浆泵送入预热器并预热到 140~160℃后,再进入溶出器进行溶出。机组前面 1、2 号溶出器直接加入蒸汽将矿浆加热到溶出温度 245℃。然后顺次进入 3~10 号溶出器进行保温完成溶出反应。溶出后的矿浆按顺序排入自蒸发器进行三级自蒸发使溶出矿浆冷却,自蒸发产生的二次蒸汽(乏汽)送去预热矿浆,第一、第二级自蒸发器的乏汽去第二、第一级预热器预热原矿浆,第三级自蒸发器的乏汽去加热赤泥洗涤用水。级数越多,回收的热量就越多。为了回收矿浆降至常压所放出的热量,而将溶出矿浆在缓冲器内与赤泥洗液混合,将洗液的温度提高。

此流程的特点是:

(1) 由于压煮溶出器内没有机械搅拌运动部件,所以操作简便、结构简单、易于制作和维护。

(2) 因为是蒸汽直接加热，新蒸汽加热矿浆后自身冷凝成水而进入料浆，使料浆在溶出一开始就受到很大的稀释，碱浓度被蒸汽冷凝水稀释18%～20%，碱浓度降低了40～60 g/L。这不仅对溶出不利，而且加重了蒸发的负担，增加了汽耗。

(3) 该流程自蒸发级数少，热回收差，矿浆的预热温度低。原矿浆的预热温度与溶出温度相差较大，其结果是增加了汽耗和稀释程度。

4.4.2　蒸汽直接加热高压溶出操作

以图4-1所示的蒸汽直接加热高压溶出流程为例说明。

A　开车步骤

开车步骤如下：

(1) 启动时要关闭机组3～10号排汽阀(以便机内存水往后排)，缓慢通汽，适当控制出料阀门，慢慢地进行升温提压，预热到0.5 MPa的压力时，检查并拧紧各部分的螺栓，然后关闭出料阀门继续升温提压；

(2) 预热到压力2 MPa时，打开排汽阀和微启出料阀，排不凝性气体，检查出料系统是否畅通，然后再关闭出料阀门继续升温提压至工作压力。全部预热时间，冬季约3～4 h，夏季约2～3 h；

(3) 预热完毕后，将进料系统的阀门应开的打开，应关的关闭，然后通知进料泵岗位操作人员可以进料；

(4) 当料进至溶出器后，适当增大通汽量，并注意机内温度，防止超压。溶出器装满程度大约为80%时，便可打开出料阀出料，调整针型阀，控制进、出料平衡；

(5) 自蒸发器应根据机组压力适当地打开排气阀阀门进行排气。

B　停车步骤

停车步骤如下：

(1) 停车时首先通知泵工停止进料，然后再停止预热器的通汽，再关闭溶出器进料阀门，关闭溶出机组排气阀；

(2) 以保持温度和不堵喷头为原则来降低蒸汽压力；

(3) 保持正常出料速度将机内矿浆出空，出料过程中1号溶出器内的压力必须高于2号溶出器；

(4) 当机组压力降到零时，开大蒸汽阀门吹净机内存料后，关闭出料阀门；

(5) 预热器放料，并用高压水冲洗。

C　操作时的注意事项

操作时的注意事项如下：

(1) 新安装或大修后的溶出器机组，需经1.5倍的工作压力的水压试验合格后方可投产；

(2) 要控制进出料的平衡，稳定机组压力；

(3) 定时检查并活动出料针型阀；

(4) 控制好不凝性气体的排放，进行满罐操作；

(5) 溶出时间控制在2 h，以增加氧化铝的溶出率。

4.4.3　一水硬铝石直接加热高压溶出技术条件

我国对一水硬铝石的直接加热的技术条件控制如下：

(1) 矿浆预热温度两级预热不低于150℃；

(2) 1号加热溶出器压力2.8～2.9 MPa;

(3) 3号保温溶出器温度控制在240～245℃；

(4) 溶出时间不低于2 h;

(5) 首号到末号溶出器之间压力差不大于0.2 MPa;

(6) 蒸汽缓冲器压力3.1～3.3 MPa;

(7) 一级自蒸发器压力1.5～1.8 MPa、二级自蒸发器压力1.00±0.20 MPa、三级自蒸发器压力0.08～0.1 MPa;

(8) 预热气冷凝水含碱 N_T 小于0.5 g/L;

(9) 溶出液的苛性比值不大于1.58。

4.4.4 溶出常见故障的发生原因与处理方法

A 预热器冷凝水带碱

故障发生原因如下:

(1) 自蒸发器排气时,气液分离不好带料,造成冷凝水带碱;

(2) 预热器加热管磨破,矿浆窜入冷凝水里。

故障处理方法如下:

(1) 自蒸发排气时带碱,应检查套管是否磨破或是否自蒸发器压力过高;

(2) 加热管磨破,冷凝水带碱应停车处理,流程倒至备用冷凝器。

B 溶出器通汽管堵塞

故障发生原因如下:

(1) 停车时料未出尽;

(2) 1号、2号溶出器汽量分配不均,汽量小的堵塞;

(3) 缓冲器与1号、2号溶出器的压差太小,倒料引起堵管。

故障处理方法如下:

(1) 提高蒸汽缓冲器压力,增大与溶出机组的压力差,交替开大1号、2号通汽阀门;

(2) 采用上述措施如果无效,则停车处理。

C 溶出器震动

故障发生原因是溶出温度太高,使矿浆蒸汽压等于机内压力,矿浆沸腾。

故障处理方法为减少通气量,降低矿浆温度。

D 溶出温度显著下降

故障发生原因如下:

(1) 机组压力一定时,循环母液碱浓度降低会导致溶出温度显著下降;

(2) 机组压力一定时,通气压力减小,通气量不足会导致溶出温度显著下降;

(3) 进出料不平衡。

故障处理方法如下:

(1) 通知蒸发工序,提高蒸发水量;

(2) 按溶出器通汽管堵塞时的处理方法进行处理;

(3) 控制进出料的平衡。

4.5　管道化溶出

4.5.1　管道化溶出流程

我国目前用于生产的管道化溶出技术为引进的法国单管预热-间接加热压煮器溶出系统。流程见图 4-2 所示。

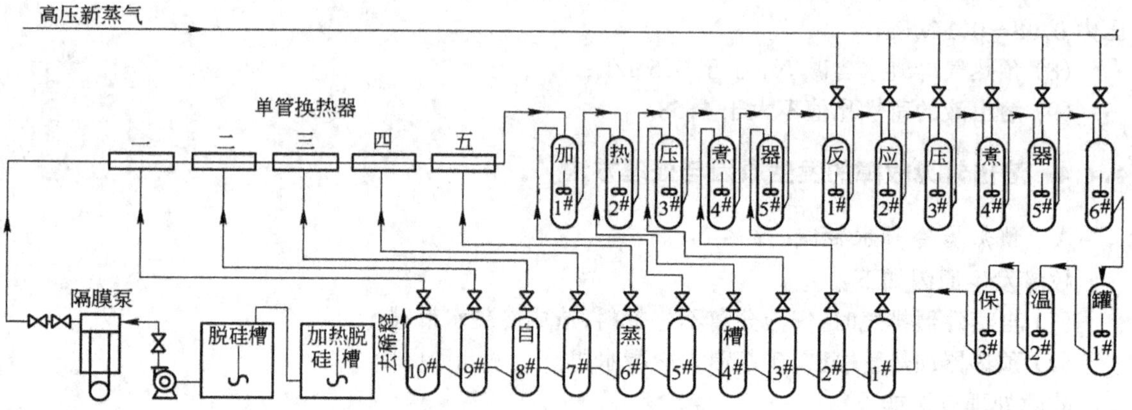

图 4-2　单管预热-间接加热压煮器溶出流程

固含为 300～400 g/L 的矿浆在加热槽中从 70℃ 加热到 100℃。再在预脱硅槽中常压脱硅 4～8 h。预脱硅后的矿浆配入适量碱，使固含达 200 g/L，温度 90～100℃，用高压隔膜泵送入 5 级 2400 m 长的单管加热器，用 10 级矿浆自蒸发器的前 5 级产生的二次蒸汽加热，矿浆温度提高到 155℃。然后进入 5 台间接加热压煮器，用后 5 级矿浆自蒸发器产生的二次蒸汽加热到 220℃，再在 6 台加热压煮器中用 6 MPa 高压新蒸汽加热到溶出温度 260℃，然后在 3 台保温反应压煮器中保温反应 45～60 min。高温溶出浆液经 10 级自蒸发，温度降到 130℃ 后送入稀释槽。

4.5.2　管道化溶出的主要技术条件

管道化溶出的主要技术条件如下：

(1) 流量：450 m^3/h；

(2) 溶出温度：260℃；

(3) 碱液浓度 Na_2O：225～235 g/L；

(4) 溶出温度下的停留时间：45～60 min；

(5) 溶出液 α_K：1.46；

(6) Al_2O_3 相对溶出率：93%。

4.6　结疤的清理

由于在溶出过程中有铝土矿中的氧化硅生成含水铝硅酸钠和氧化钛生成钛酸钙的反应，这些反应的进行会在加热管壁上形成结疤，使热交换效率降低。所以，高压溶出时结疤的清理是保证溶出过程顺利进行的必要工作。

4.6.1 结疤的成分

结疤的成分随着温度的不同而不同。温度在160℃以下时，管壁上的结疤主要是钠硅渣和少量的钙钛渣；温度在160～220℃时，管壁上的结疤主要是钙钛渣及少量的钠硅渣；温度在220～280℃时，管壁上的结疤有钙钛渣、钠硅渣、磷酸钙和赤铁矿；保温段管壁上的结疤有磷酸钙、赤铁矿、钙钛渣和钠硅渣。

4.6.2 结疤的清理

清除结疤的方法有机械清理、火焰清理、高压水清洗和酸洗等方法。

机械清理用风动硬质合金钻头进行，钻头中间可以通水同时冲洗，是用10～100 MPa的高压水冲碎结疤使结疤脱落。

火焰清理是骤然加热管道，使结疤中的水合物急剧脱水暴裂脱落，再用清水冲洗。

酸洗是用混合酸清洗结疤。不同的结疤，有不同的酸洗方法：

(1) 一般的结疤可用5%～15%的H_2SO_4或10%HCl清洗。

(2) 在处理含钛酸钙的结疤时，酸中应添加1.5%～2.5%HF。为避免HF的毒性，可以用NaF来代替，此时应延长清洗时间，为防止设备被酸腐蚀，酸洗温度不宜过高，不超过70～75℃，并加入用量为酸液量0.8%～1.0%的苦丁作缓蚀剂，利用酸泵将酸在要清洗的设备和酸槽循环流动，经过90～300 min便可使结疤溶解脱落，然后再用清水冲洗。

(3) 原矿浆由100℃升温到150℃时，在预热器内所生成的结疤用草酸加磷酸的混合酸进行清洗，效果较好。

(4) 原矿浆由180℃加热到220℃时，所生成的结疤用盐酸、草酸和氢氟酸的混合酸进行清洗效果较好。

(5) 对于致密的含钛酸钙的高温结疤，须先经酸洗再用高压水冲洗才能奏效。如我国广西平果矿，河南矿和山西矿在高温溶出时的结疤主要是钠硅渣和钛渣，采用酸洗和高压水清洗结合的方法很容易将结疤清除，酸洗液配方为10%～15%的H_2SO_4，4%～8%的缓蚀剂，催化剂2%～6%，温度为20～40℃，酸洗后用高压水冲洗一遍。

复习思考题

4-1 铝土矿高压溶出的目的是什么？

4-2 写出铝土矿中氧化铝水合物在高压溶出时的化学反应式。

4-3 铝土矿SiO_2在高压溶出时的行为怎样，为什么说拜耳法只适宜于处理低硅矿石？

4-4 铝土矿中Fe_2O_3在高压溶出时的行为怎样，Fe_2O_3含量高对拜耳法生产有什么影响？

4-5 配制原矿浆时为什么要添加石灰？

4-6 生产上应采取哪些措施加速高压溶出流程中氧化铝的溶出？

4-7 什么是氧化铝的实际溶出率以及理论溶出率？

5 赤泥的分离和洗涤

5.1 赤泥的分离和洗涤流程

溶出矿浆是由铝酸钠溶液和赤泥所组成。为了获得符合晶种分解所要求的纯净铝酸钠溶液，必须将其二者分离，分离后的赤泥一般要进行4～8次反向洗涤，目的是尽可能减少以附液形式损失于赤泥中的Al_2O_3和Na_2O。目前用于液固分离的设备有沉降槽、过滤机和叶滤机等，在工业生产上应根据物料性质和设备特点选用设备，溶出矿浆经稀释后，由于温度和碱浓度高，液固比大，一般都采用沉降槽来分离和洗涤拜耳法赤泥。赤泥的分离和洗涤流程见图5-1所示。

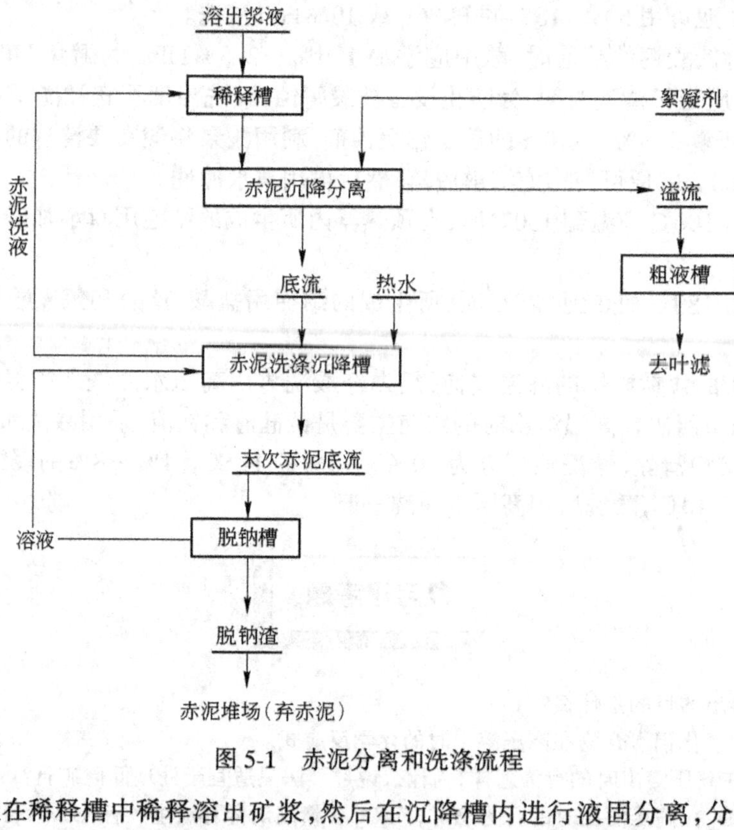

图5-1 赤泥分离和洗涤流程

用赤泥洗液在稀释槽中稀释溶出矿浆，然后在沉降槽内进行液固分离，分离出大部分溶液（沉降溢流即粗液），粗液中浮游物的含量控制在小于0.2 g/L。粗液经叶滤后，所得到的铝酸钠溶液被称为精液，精液的浮游物含量不应大于0.02 g/L，然后送去晶种分解。分离沉降的底流进行数次反向洗涤，以回收其挟带的溶液，使赤泥附液所带走的Na_2O和Al_2O_3损失控制在要求范围之内。其过程是分离沉降的底流进1号水力混合槽与二次洗液混合后送一次洗涤沉降槽。一次洗涤底流进2号水力混合槽与三次洗液混合后送二次洗涤沉降槽。二次洗涤底流进3号水力混合槽与四次洗液混合后送三次洗涤沉降槽。以此类推，可以进行4～8次洗涤。最后末次底流在脱钠槽中与加入的石灰乳作用，以进一步回收Na_2O。

5.2 稀释

稀释是用一次赤泥洗液将溶出的料浆在稀释槽中稀释。用赤泥洗液作稀释液的原因是:赤泥洗液所含 Al_2O_3 数量约为铝土矿所含 Al_2O_3 数量的 1/4 左右,并含有相当数量的碱,是必须回收的。但赤泥洗液的浓度太低(含 $Al_2O_3$40 g/L 左右),如果单独分解,则晶种分解槽的生产率会很低,所以要用赤泥洗液来稀释溶出料浆,既能达到稀释目的,也回收了洗液中的 Al_2O_3 和 Na_2O。

5.2.1 稀释目的

稀释有以下目的:

(1) 降低铝酸钠溶液的浓度。

溶出矿浆的铝酸钠溶液氧化铝浓度一般在 250～270 g/L 之间,溶液很稳定,不利于晶种分解。用赤泥洗液将溶出矿浆溶液中的氧化铝浓度稀释到 135～145 g/L,降低了铝酸钠溶液的稳定性,在晶种分解时,能加快分解速度,提高分解槽的产能,同时还能得到较高的分解率。

(2) 使铝酸钠溶液进一步脱硅。

溶出矿浆中铝酸钠溶液的硅量指数只有 100～150,为了保证氧化铝产品的质量,要求分解时溶液的硅量指数必须在 300 以上。而在稀释过程中,随着铝酸钠溶液中氧化铝浓度的降低,脱硅反应会进一步进行,溶液的硅量指数能够提高至 300 以上。如加入石灰搅拌 3～4 h,则能将铝酸钠溶液硅量指数提高到 600 以上。

(3) 有利于赤泥分离。

铝酸钠溶液浓度越高,溶液的黏度就越大,赤泥分离也就越困难,而溶出矿浆的铝酸钠溶液浓度很高。稀释使溶液浓度降低,黏度下降,使赤泥的沉降速度加快,从而提高了沉降槽的产能,有利于赤泥分离。

(4) 便于沉降槽的操作。

在生产中溶出矿浆的成分是波动的。它进入稀释槽内混合后使矿浆的成分波动较小,浓度符合要求,密度稳定,便于沉降槽的操作。

5.2.2 稀释液浓度的指标控制

处理三水铝石型铝土矿的拜耳法厂一般控制稀释溶液的 Al_2O_3 质量浓度在 100～110 g/L 之间。

处理一水铝石型铝土矿的拜耳法厂一般控制稀释溶液的 Al_2O_3 质量浓度在 125～145 g/L 之间。

5.2.3 稀释槽岗位的职责

稀释岗位的职责:

(1) 及时检查稀释浆液的液固比,调整洗液加入比例;

(2) 保持溶液氧化铝浓度在规定范围内;

(3) 连续均匀地往稀释槽中添加絮凝剂。保证稀释矿浆在稀释槽中停留时间不低于 1.5 h。

5.3 稀释矿浆的分离

稀释矿浆是由铝酸钠溶液和赤泥微粒所组成的悬浮液。铝酸钠溶液主要含有铝酸钠、氢氧化钠、苏打以及少量的硅酸钠、硫酸钠、草酸钠等。而赤泥的主要成分是铝硅酸盐、钛酸盐,铁的化合物等。其密度为 2.65～2.75 g/cm^3。

稀释矿浆的分离就是将悬浮液中的固相赤泥与铝酸钠溶液分离,得到铝酸钠粗液。生产上采用沉降槽作分离设备。

5.3.1　赤泥浆液的性质

5.3.1.1　赤泥浆液的物化性质

A　赤泥的组成

赤泥浆液是赤泥与铝酸钠溶液组成的悬浮液。

铝酸钠溶液中主要含有 $NaAl(OH)_4$、NaOH、Na_2CO_3 等,此外尚含有少量的 Na_2SO_4 和有机物。这些化合物在溶液中浓度越高,其黏度就越大,赤泥的沉降速度就越慢。

赤泥的物相组成与矿石成分和生产方法有关。如我国铝土矿多为低铁高硅矿石,而其中的 SiO_2 多以高岭石存在。采用拜耳法处理时,赤泥的物相组成以含水铝硅酸钠(钠沸石和方钠石)为主。其次还有含水氧化铁或氧化钛。因高压溶出时添加了石灰,还会有钙钛矿及水化石榴石固溶体等。

烧结赤泥物相组成主要以原硅酸钙为主,其次有霞石、方解石、含水氧化铁、含水铝硅酸钠、水化石榴石等。

赤泥中各种矿物的含量主要由矿石成分决定。

B　拜耳法赤泥的物化性质

根据粒度测定结果表明,拜耳法赤泥具有很大的分散度,半数以上是小于 20 μm 的细粒子,而且有一部分是接近于胶体的微粒。因此,拜耳法赤泥浆液应属于细粒子悬浮液,它与胶体分散系具有许多相同的性质。在这种胶体与悬浮液体系中,赤泥粒子为分散相,铝酸钠溶液为分散介质。赤泥粒子具有极其发达的表面,可以或多或少地吸附分散介质中的水分子(称为结合水)和 $Al(OH)_4^-$、OH^- 及 Na^+ 离子,赤泥粒子的这种现象被称为溶剂化。它使赤泥粒子表面生成一层溶剂化膜,妨碍微粒之间互相聚结。另外,赤泥粒子选择吸附某种离子后,在它与溶液的相界面上便出现双电层结构,这就使赤泥粒子带有电荷。当赤泥粒子带有同名电荷后,还使它们之间发生互相排斥的作用,这些作用都阻碍赤泥粒子聚结成为大的颗粒。使赤泥难以沉降和压缩。因此,生产中需要添加絮凝剂(或淀粉)来加速赤泥的沉降。

C　烧结法赤泥的物化性质

烧结法赤泥的沉降性能,根本问题也是决定于赤泥浆液的胶体化学性质。

烧结法生产时,由于矿石中的 SiO_2 经过烧结后是以原硅酸钙形式存在,相对于亲水性强的水合铝硅酸钠来说,亲水性要弱得多。

但是,熟料中的二价硫化物含量直接影响赤泥的沉降性能。

生产实践证明,熟料中 S^{2-} 含量高于 0.25%时,赤泥呈黑绿色,沉降速度快;而熟料中 S^{2-} 含量低于 0.1%时,赤泥呈黄色,沉降速度显著减慢。表 5-1 列出了熟料中 S^{2-} 含量与赤泥沉降速度的关系。

表 5-1　熟料中 S^{2-} 含量与赤泥沉降速度的关系

熟料中 S^{2-} 含量/%	赤泥颜色	赤泥浆液液固比	沉降速度/$m \cdot h^{-1}$
>0.25	黑　绿	18.6	2.7
<0.1	黄　色	16.7	1.4

黄色赤泥沉降速度慢的原因，是由于其中 Fe_2O_3 主要以胶体 $Fe(OH)_3$ 形式存在的。而赤泥浆液中胶体 $Fe(OH)_3$ 的存在可使赤泥粒子具有亲水性，产生溶剂化；并且胶体 $Fe(OH)_3$ 粒度极细也难于沉降；同时更由于带有同名电荷造成赤泥粒子同性相斥而难于沉降。实验证明黄色赤泥带有正电荷。

黑绿色赤泥中，Fe_2O_3 是以 FeO 和 FeS 存在。而实验证明含 FeO 和 FeS 的赤泥是电中性的粒子，同性相斥的现象弱，易聚集成大颗粒，所以沉降速度较快。

烧结法对生料要掺煤以降低硫对烧结过程和熟料质量的危害的同时，也会对赤泥的沉降性能产生影响。生料掺煤后能够显著改善赤泥的沉降性能。

但如果由于配料或操作不当，造成熟料为欠烧的粉状熟料和黄料，则赤泥沉降性能会大大恶化。这是由于：

(1) 这种欠烧熟料的 S^{2-} 含量低。

(2) 这种欠烧熟料中还含有部分的游离 CaO，在溶出时，游离 CaO 会成为亲水性极强的 $Ca(OH)_2$。赤泥浆液中 $Ca(OH)_2$ 粒子不仅是溶剂化物质，而且也是表面活性物质，当其被其他赤泥粒子吸附时，就会使全部赤泥产生溶剂化作用而难于沉降，从而恶化赤泥沉降性能。

D 拜耳法赤泥与烧结法赤泥的比较

拜耳法赤泥有水合铝硅酸钠形成，且粒度细小，所以其沉降性能较差。

烧结法赤泥中没有水合铝硅酸钠，只要配料适当，其沉降性能要好于拜耳法赤泥。

5.3.1.2 赤泥沉降性能的表示方法

在氧化铝生产中赤泥的分离和洗涤通常都是采用沉降方法进行的。因此，赤泥的沉降速度和压缩性能至关重要。

生产规定以 10 min 或 5 min 的沉速为参考。即以 100 mL 量筒取满赤泥浆液，沉降 10 min 或 5 min 后观察清液层高度作为赤泥的沉降速度。记为 mm/10 min 或 mm/5 min。

赤泥的压缩性能是以压缩液固比或沉淀高度百分比表示。压缩液固比即泥浆不能再浓缩时的液固比。生产上一般指沉降 30 min 后的浓缩赤泥浆的液固比。沉降高度百分比是指一定体积的赤泥浆液(如 100 mL)沉降一定时间(30 min)后，泥浆层高度与浆液总高度的百分比。

赤泥的沉降速度快，赤泥的沉降性能就好。赤泥沉降高度百分比越小或赤泥的压缩液固比越小，赤泥的压缩性能越好。

5.3.2 沉降槽的技术操作

A 开车步骤

开车步骤如下：

(1) 开车前要检查槽内有无杂物、耙机运行是否正常、并降低耙机到槽底但不能接触到槽底面、检查安全装置和仪表仪器是否完好正常；

(2) 先试空车，注意各个装置是否正常；

(3) 正常后关闭底流旋塞阀，并开始进料；

(4) 开启耙机，并适当拉底流；

(5) 各项技术条件逐步调节至正常；

(6) 加入絮凝剂溶液。

B 停车步骤

停车步骤如下：

(1) 先停止进料,关闭絮凝剂阀门;
(2) 拉清槽内矿浆;
(3) 停止耙机运行。

C 正常操作

正常操作要做到:
(1) 定时检测进料液固比、密度以及沉降速度等,掌握赤泥浆液沉降性能的变化;
(2) 定时测量上层清液带高度,结合底流液固比情况,调节底流排出量,防止槽内积泥或拉空,保持底流液固比合格;
(3) 控制沉降矿浆的温度和防止跑浑,分离温度不应低于98℃;
(4) 经常观察絮凝剂的来料量,防止断料。

D 注意事项

注意事项如下:
(1) 为了使进、出料相等且均匀,给料泵上料须连续均匀,控制沉降槽进入和排出的赤泥量基本相同;
(2) 应经常及时地检查底流液固比,保持上层清液带的高度;
(3) 不能用拉大底流的方法,调整液面高低和溢流。

5.3.3 稀释矿浆赤泥分离的指标控制

各项指标控制如下:
(1) 在分离时,稀释矿浆的温度进槽时不低于98℃;
(2) 在分离时,底流赤泥的液固比为4～5.5;
(3) 为提高赤泥沉降速度,添加天然絮凝剂量为干赤泥量的0.05%～0.15%;
(4) 沉降槽清液层高度不小于500 mm;
(5) 溢流浮游物不高于0.5 g/L;
(6) 稀释矿浆的氧化铝质量浓度为135～145 g/L。

5.3.4 沉降槽常见故障的发生原因与处理方法

A 跑浑

跑浑指溢流浑浊不清,赤泥沉降不下去。
故障发生原因如下:
(1) 槽内积泥过多,清液层深度过薄;
(2) 絮凝剂添加量小,赤泥微小颗粒不能聚集成大颗粒下沉;
(3) 温度太低,浆液黏度过大,赤泥颗粒下降速度慢;
(4) 进料液固比太小,浆液液固两相分层不清;
(5) 赤泥粒度过细,造成赤泥沉降性能变差。
故障处理方法如下:
(1) 拉大底流,增加赤泥排出量,1 h后未见效果,则停止进料继续处理;
(2) 增加絮凝剂添加量;
(3) 提高溶出浆液的温度;
(4) 提高进料液固比;

(5) 磨矿时控制赤泥粒度不要过细,提高沉降性能,并适当减产。

B 沉降槽内积泥

故障发生原因如下:

(1) 底流液固比过小,赤泥流动性差,流出量少;

(2) 底流堵塞,赤泥沉降层过高;

(3) 进料浓度过高,液相黏度过大,分层不清。

故障处理方法如下:

(1) 拉大底流;

(2) 迅速处理底流口,使之畅通;

(3) 加大洗液配入量。

5.4 赤泥洗涤

赤洗泥涤的目的是用热水洗涤赤泥以回收赤泥附液带走的有用成分——碱和氧化铝。洗涤赤泥后的洗液去稀释溶出矿浆。赤泥洗涤流程见图 5-2。

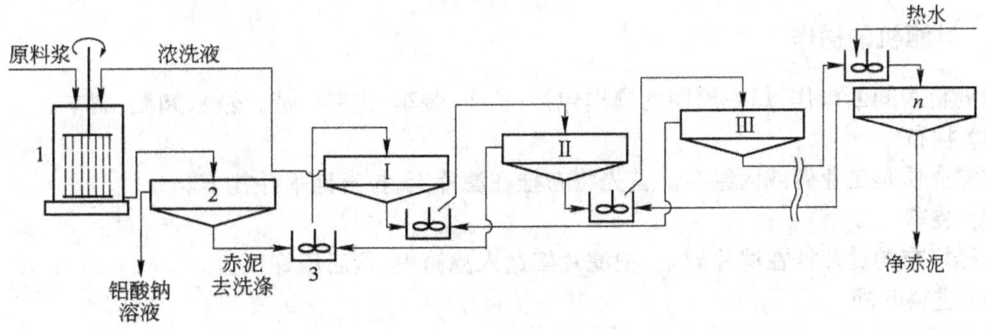

图 5-2 赤泥洗涤流程

1—稀释槽;2—沉降槽;3—混合槽;Ⅰ～n—洗涤槽

赤泥洗涤采用多次反向洗涤流程,反向洗涤既可节约用水,又可提高洗液浓度。洗涤次数越多,有用成分的损失就越少,但这样会对蒸发工段造成更大的负担,要蒸发更多的水。洗涤次数根据实际确定,生产上单只拜耳法流程时洗后赤泥要排弃,一般洗 5～8 次。如果为串联法和混联法流程,拜耳法赤泥要回收到烧结法流程中,一般洗 3～5 次。

拜耳法赤泥经多次反向洗涤后,末次洗涤底流的液固比较大(2.5),赤泥含水率高达 70%～80%。生产上单只拜耳法流程时,可不再过滤就排掉。但如果是串联法和混联法生产氧化铝,拜耳法的赤泥是作为烧结法原料的,高含水率的赤泥浆送去烧结法系统配料,配成的生料浆水分过高,会给熟料的烧结带来困难。因此,在串联法和混联法生产氧化铝流程中,拜耳法的赤泥在洗涤后,必须再用过滤机过滤一次,使赤泥浆的含水率降至 45%以下。这样才能满足烧结法配料的要求。另一方面,经过多次洗涤后,再加上一次过滤,还可以回收其滤液,使赤泥的洗涤效率提高约 6%左右,随赤泥附液进入烧结法配料的氧化铝和氧化钠的数量减少约 80%左右。烧结法精液作种分的比例相应地减少,从而碱的损失降低,氧化铝的总回收率得以提高。由此可见,赤泥过滤对联合法生产氧化铝起着重要的作用。

赤泥洗涤设备和分离一样选用沉降槽,可以是多层也可以是单层沉降槽。

赤泥过滤设备可采用鼓式真空过滤机来进行这一作业(具体操作与氢氧化铝鼓式真空过滤机洗涤类似,详见 7.2 节)。

赤泥洗涤的工艺技术条件控制为：

(1) 洗涤水温 90℃以上；

(2) 末次洗涤底流的液固比为 2.5。

5.5　粗液精制

5.5.1　粗液精制的目的

从分离沉降槽溢流出来的铝酸钠溶液，工业上叫做粗液。粗液中往往含有微量(0.1g/L 以上)的悬浮于溶液中的浮游物。这种浮游物微粒是赤泥细粒。这些浮游物如果不被清除，那么在晶种分解时，就将会作为氢氧化铝的晶核而进入氢氧化铝中，影响产品质量。因此，铝酸钠溶液在进入分解工序之前须经净化除去浮游物，使净化后的铝酸钠溶液成为符合晶种分解工艺要求的精制铝酸钠溶液。

净化后的精制铝酸钠溶液工业上被称为精液。粗液精制的指标控制为精液的浮游物含量小于 0.02 g/L、铁铝比(Fe_2O_3/Al_2O_3)小于 0.014%。

目前，工业上用来清除浮游物的设备，通常是采用叶滤机。

5.5.2　叶滤机的操作

叶滤机为间断操作，每一周期的操作包括：挂布、装车、进料叶滤，放料、卸泥、刷车。

(1) 挂布

过滤介质是工业绸或丙纶布。首先将布挂在滤片上，拉直铺平并扎牢。

(2) 装车

将挂好布的滤片挂在滤片架上，把滤片架送入滤筒内，然后压好顶盖。

(3) 进料叶滤

进料过滤时，检查滤液浮游物的含量，有不合格的滤液时打循环，合格后放入精液贮槽。在叶滤过程中，压力不能波动太大，工作压力应随着滤渣层增厚而平稳地上升，不能下降，最终控制在 0.4～0.5 MPa。当滤液量大大减少，增加机内压力仍不能增加滤液量，或者随着压力增高滤液量虽有所增加，但滤液浮游物也增高时，这说明过滤阻力已很大，就应该结束过滤。

(4) 放料

停止进料后，将机内存料放回粗液槽内。

(5) 卸泥刷车

先盘车将机头拉出少许，之后再开电动机将滤片从机内拉出，用热水将滤渣刷下，再冲洗滤布，使布眼畅通。

以上各作业完毕后，装好车以待再次开车。

叶滤机操作注意事项如下：

(1) 应按时对每个转动设备进行加油；

(2) 链条和链轮每次卸泥后应进行清洗；

(3) 每次刷泥后，滤片和滤筒必须洗刷干净；

(4) 所有阀门、旋塞阀应经常活动，保持灵活好用；

(5) 机头的垫子失效时，应及时更换，以免发生漏料现象；

(6) 滤片堵塞时，应及时更换，以免阻力过大，影响产量；

(7) 卸泥时不应用力敲打滤片，以免将滤片打破。

5.6 赤泥的分离和洗涤技术经济指标

5.6.1 洗涤效率

洗涤效率是指一批赤泥经过洗涤后回收的碱量占该批赤泥总碱量的百分数。用下式表示：

$$\eta=\left(1-\frac{G}{K}\right)\times 100\%$$

式中 G——每1 t弃赤泥附液带走的 Na_2O 的质量，kg/t 赤泥；

K——每1 t赤泥进入洗涤系统时带入的总碱质量，kg/t 赤泥。

5.6.2 附液损失

在氧化铝生产中，随赤泥附液带走的碱（或氧化铝）损失被称为附液损失。公式如下：

$$G=\frac{L}{S}\cdot\rho(N_T)$$

$$A=\frac{L}{S}\cdot\rho(Al_2O_3)$$

式中 G——每1 t弃赤泥附液带走的 Na_2O 的质量，kg/t 赤泥；

A——每1 t弃赤泥附液带走的 Al_2O_3 的质量，kg/t 赤泥；

$\rho(N_T)$——弃赤泥附液中全碱（N_T）的质量浓度，kg/m^3；

$\rho(Al_2O_3)$——弃赤泥附液中 Al_2O_3 的质量浓度，kg/m^3；

L/S——弃赤泥的液固比（体积质量比）。

复习思考题

5-1 高压溶出矿浆在分离赤泥前为什么要进行稀释？

5-2 为什么说拜耳法赤泥难以沉降？

5-3 生产中规定的赤泥沉降速度、赤泥压缩液固比及赤泥沉降高度百分比的定义是什么？

5-4 什么是溢流浮游物，什么是溢流跑浑？

5-5 什么是赤泥附液损失？

5-6 赤泥洗涤采用什么洗涤流程？

6 铝酸钠溶液的晶种分解

6.1 铝酸钠溶液的晶种分解概述

晶种分解就是将铝酸钠溶液降温并加入氢氧化铝 $Al(OH)_3$ 作为晶种并进行搅拌，使其析出氢氧化铝的过程，简称种分。它是拜耳法生产氧化铝的关键工序之一。它对产品的产量、质量以及全厂的技术经济指标有着重大的影响。种分除得到氢氧化铝，也会同时得到苛性比值较高的种分母液，作为溶出铝土矿的循环母液，从而构成拜耳法生产氧化铝的闭路循环。

从叶滤机出来的精液经冷却后，进入晶种分解槽并加入晶种进行搅拌分解，经分离所得的氢氧化铝除返回一部分作晶种外，其余部分经洗涤制得合格的 $Al(OH)_3$，另外分离所得的晶种分解母液经蒸发浓缩后送去配料。洗液送去赤泥洗涤。

6.2 晶种分解的经济技术指标

6.2.1 种分分解率(η)

种分分解率(η)是指铝酸钠溶液中分解析出的氢氧化铝中所含氧化铝数量占精液中所含氧化铝数量的百分数。

实际当中常用溶液分解前后的苛性比值来计算：

$$\eta=\left(1-\frac{\alpha_{K精}}{\alpha_{K母}}\right)\times 100\%$$

式中 η——种分分解率，%；

$\alpha_{K精}$——分解原液(精液)的苛性比值；

$\alpha_{K母}$——分解母液的苛性比值。

由上式可知，当精液苛性比值一定时，母液苛性比值愈高，种分分解率就越高。

6.2.2 分解槽的单位产能(Q)

分解槽的单位产能是指每昼夜从每 1 m^3 铝酸钠溶液中分解出来的氧化铝数量。公式表示为：

$$Q=24\times\frac{\rho(Al_2O_3)_{精}\ \eta}{\tau}$$

式中 Q——分解槽单位产能，$kg/(m^3\cdot d)$；

$\rho(Al_2O_3)_{精}$——分解原液(精液)中所含 Al_2O_3 的质量浓度，kg/m^3；

τ——分解时间，h；

$\rho(Al_2O_3)_{精}\ \eta$——1 m^3 分解精液在 τ h 内分解得到的 Al_2O_3 质量，kg/m^3；

$\frac{\rho(Al_2O_3)_{精}\ \eta}{\tau}$——1 m^3 分解精液 1 h 内分解得到的 Al_2O_3 质量，$kg/(m^3\cdot h)$。

由上式可知，精液中 Al_2O_3 浓度愈高，分解槽的单位产能就愈大。但由于 Al_2O_3 浓度高，溶液的稳定性增加，在一定的时间内，种分分解率相对降低，这又对分解槽的单位产能不利。所以铝酸钠溶液中 Al_2O_3 的浓度要适当。

另一方面缩短分解时间，有利于设备产能的提高。但由于分解时间的缩短，分解母液的苛性比值降低，必然又影响到高压溶出器产能的下降。工业上控制循环母液的 α_K 值为 3.4～3.5。

6.2.3 氢氧化铝的品质

由于氧化铝的纯度和一些物理性质(如粒度)主要取决于氢氧化铝的纯度和粒度，所以控制氢氧化铝的品质也就是控制了产品氧化铝的品质。通常氢氧化铝的品质是指氢氧化铝的纯度和粒度两方面。

6.2.3.1 氢氧化铝的纯度

对于氢氧化铝纯度的要求是指氢氧化铝产品中氧化硅、氧化铁、氧化钠等杂质含量不能超过一定的限度。

氧化铁的来源主要是浮游物，而氧化硅的来源则有两个途径：一个途径是浮游物粘附在氢氧化铝产品中；一个途径是分解过程的脱硅反应。由于在分解过程中种分分解率一般只能达到50%左右，而分解精液的硅量指数一般在200～300以上，不会发生明显的脱硅反应。所以只要控制好粗液精制的技术条件，使分解精液的浮游物含量在0.02 g/L以下，那么氧化硅和氧化铁在氢氧化铝产品中的含量就能达到要求。

氧化钠在氢氧化铝产品中的存在有四种形式：析出氢氧化铝颗粒所挟带母液中的碱和附着于氢氧化铝颗粒表面的碱，又称附着碱；在氢氧化铝结晶集合体空隙中包裹的母液所带的碱，又称晶间碱；以含水铝硅酸钠形式存在于氢氧化铝晶体中的碱，又称化合碱；取代氢氧化铝中的氢离子而进入氢氧化铝晶格中的碱，又称晶格碱。第一种碱通过洗涤容易洗去。后三种碱则不易洗掉。但是氢氧化铝晶体中的晶间碱和晶格碱含量少，化合碱在分解过程中脱硅反应不明显时，也比较少。所以通过严格洗涤，氢氧化铝产品中氧化钠含量能够达到要求。

工业控制氢氧化铝晶体中的：$w(SiO_2)<0.01\%$；$w(Fe_2O_3)<0.05\%$；$w(Na_2O)<0.6\%$。

6.2.3.2 氢氧化铝粒度

氢氧化铝的粒度控制是晶种分解过程中的主要任务。控制不同的生产条件，可以生产出砂状氧化铝、中间状氧化铝或粉状氧化铝三种产品。生产要求氧化铝粒度最低不小于40 μm。因为氢氧化铝粒度过细，沉降速度慢，沉降槽易跑浑，过滤也困难。结果会使氢氧化铝晶体的沉降、过滤和洗涤效果都降低。同时，细颗粒氢氧化铝的比表面较大，吸附碱液和杂质较多，为了洗掉其附着碱和杂质，就必须增加用水量，因而又将增加蒸发工序的负担。如果洗涤用水量保持不变，则所得的氢氧化铝含碱量高，这不仅增加碱耗，而且会使焙烧后的氧化铝含碱量过高，影响电解技术经济指标的提高。此外，细颗粒的氢氧化铝无论是在焙烧、输送或是在电解过程中的飞扬损失都将增加。所以在晶种分解过程中，控制产品质量主要是保证分解产物具有所要求的粒度分布。

以上三个主要技术经济指标存在着相互制约的关系，能使氢氧化铝颗粒增大的因素(如温度高些)，又不利于分解率和分解槽单位产能的提高；有利于分解率和粒度的因素(如低浓度的溶液)，又影响到设备产能的提高；降低分解母液的苛性比值有利于增加产能，却又降低了分解率等等。因此，在选择种分作业条件时，应该同时考虑到上述各种因素对分解率、设备产能以及氢氧化铝品质的影响,才能确定比较合理的操作条件。

6.3 晶种分解的机理

6.3.1 晶种分解的化学过程

在氧化铝生产中,溶出是使矿石里的氧化铝溶解于碱液中而制得铝酸钠溶液。而分解却是将铝酸钠溶液中的氧化铝以氢氧化铝结晶析出的过程,其化学反应如下:

$$NaAl(OH)_4 \rightleftharpoons Al(OH)_3 + NaOH$$

这是一个可逆反应:当反应条件控制在高温、高苛性比值和高碱浓度条件下,反应便向左进行,这就是铝土矿的溶出过程,制得铝酸钠溶液;反之,控制在低温、低苛性比值和低碱浓度条件下,反应便向右进行,这就是过饱和的铝酸钠溶液结晶析出氢氧化铝的化学过程。

6.3.2 晶种分解的物理过程

过饱和的铝酸钠溶液分解析出氢氧化铝晶体的物理过程可分为四个步骤:氢氧化铝晶核的形成、氢氧化铝晶体的长大、氢氧化铝晶体的破裂和氢氧化铝晶体的附聚。

6.3.2.1 氢氧化铝晶核的形成

氢氧化铝晶核的形成有自发成核及二次成核两种形式。

(1) 自发成核。叶滤后的铝酸钠溶液,氧化铝浓度为 120～145 g/L,苛性比值为 1.48～1.7 左右,这是一种处于过饱和状态的介稳溶液。这种溶液在不加晶种和不搅拌的情况下虽然也能自发分解析出氢氧化铝。但是,这种氢氧化铝晶核的自发生成过程是需要很长时间的,对生产来说并不实际。生产上为了加快分解过程,人为地往分解精液中添加氢氧化铝晶种来避开晶核的自发生成过程,使氢氧化铝直接在晶种表面分解析出。另一方面,也会使氢氧化铝晶体的粒度变粗。

(2) 二次成核。当分解温度低,晶种表面积小,分解精液的过饱和度高时,生成的晶核表面粗糙,长成向外突出细小的枝晶,在颗粒相互碰撞或流体的剪切力的作用下,这些细小晶体便脱离母晶而进入溶液中,成为新的晶核,这种成核方式就是二次成核。二次成核越多,则分解析出的氢氧化铝粒度越细。生产上是通过控制晶体长大的速度,来减少二次成核的数量。

6.3.2.2 氢氧化铝晶体的长大

氢氧化铝晶体长大的速度,取决于分解条件,即分解温度高和分解精液的过饱和度高,有利于晶体长大。但为了减少二次成核,减缓结晶长大的速度,生产上通过提高分解温度和保持分解精液过饱和度适宜的方法,来使结晶的长大缓慢均匀,减少枝晶的生成,使晶体颗粒粗、强度高。

6.3.2.3 氢氧化铝晶体的破裂

氢氧化铝晶体的破裂是氢氧化铝晶体颗粒之间的碰撞以及颗粒与槽壁、搅拌器之间的碰撞,使结晶体破裂的现象。氢氧化铝的破裂越多,氢氧化铝晶体的粒度越细小。

6.3.2.4 氢氧化铝晶体的附聚

氢氧化铝晶体的附聚是指一些细小的晶粒互相依附并粘结成为一个较大晶体的过程。

氢氧化铝晶体颗粒的附聚分为两个步骤:第一步,细颗粒晶体互相碰撞,其中一些会结合成松散的絮团,但其机械强度小容易重新分裂。第二步,絮团在未分裂时,由于溶液新分解出来的氢氧化铝晶体起到了一种“粘结剂”的作用,将絮团中的各个晶粒胶结在一起,形成了坚实的附聚物。

分解精液过饱和度大和分解温度高时,有利于附聚。

由此可见,工业上为了得到颗粒较粗的氢氧化铝晶体,分解时就必须尽量减弱氢氧化铝晶体的二次成核和破裂两个步骤,控制条件加强氢氧化铝晶体的均匀长大和附聚两个步骤,所以提高分解温度,使分解精液过饱和度适宜,是得到颗粒较粗的氢氧化铝晶体的有效方法。

6.4 影响晶种分解的主要因素

为了使晶种分解既能满足分解速度和分解率的要求,又能满足氢氧化铝晶体粒度的要求,就要对影响晶种分解的各个因素作分析,来确定合适的操作条件。

6.4.1 分解精液苛性比值的影响

在工业生产允许的浓度范围内,任何铝酸钠溶液的苛性比值较其在一定温度下平衡的苛性比值小,则其过饱和的程度越大,自发分解的倾向也就越大。因此,铝酸钠溶液的苛性比值越小,在其他条件相同时,铝酸钠溶液的分解率和槽产能也就越高。降低分解精液的苛性比值是强化晶种分解的主要途径。

降低分解精液的苛性比值虽能大大地提高分解速度,但分解温度如果不变,分解产物氢氧化铝晶体的粒度则较细。所以,为了获得粒度合格的氢氧化铝,采用低苛性比值的分解精液进行分解时,可以将分解温度偏高掌握,这样既可提高分解率,又可得到合格氢氧化铝产品。

生产上控制的是低苛性比值(1.48~1.7)的分解精液。

6.4.2 分解精液氧化铝浓度的影响

在一定温度制度下,当分解精液的苛性比值不变时,增加分解精液的氧化铝浓度会使铝酸钠溶液的过饱和度降低,分解速度和在一定时间内的分解率会下降,但设备的单位产能却上升。反之,则相反。因此,当其他条件相同时,分解精液的氧化铝浓度有一最佳值。

理论及实践都已证明分解精液的苛性比值越低,分解精液的过饱和度增加,分解速度加快,分解时间缩短,槽单位产能增加。所以,当分解精液的苛性比值越低时,分解精液则可以采用更大的氧化铝浓度而不影响分解速度和在一定时间内的分解率。

目前,生产上分解精液氧化铝的质量浓度一般取 100~150 g/L。

6.4.3 分解温度的影响

分解温度是影响分解过程的重要因素之一。在分解过程中,既要保证一定的分解速度和分解率,又要保证分解析出的氢氧化铝的质量要求。这与分解过程中降温制度有很大关系。

分解在较高的初温下进行时,由于铝酸钠溶液的过饱和度小,分解速度慢,分解率较低,但晶体均匀长大的速度较快,能得到较粗粒度的氢氧化铝。这是因为随着温度的升高使溶液的黏度降低,从而使溶液内部颗粒移动速度较大,促使已生成的晶体长大。相反,在较低温度下分解,溶液的黏度较大,晶核较多,虽然溶液的分解率较高,但所得的氢氧化铝颗粒较细。

在工业生产中,降温制度要根据生产的需要全面地考虑。生产粉状氧化铝时,采取急剧地降低分解初温,即将 90~100℃的分解精液迅速地降至 60~65℃,然后保持一定的速率降至分解终温 40℃左右的降温制度。这种降温制度,因为前期急剧降温,破坏了铝酸钠溶液的稳定性,分解速度快。这样就使晶种分解的前期生成大量的晶核,在分解后期温度下降缓慢,晶核就有足够的时间来长大。因此,产品氢氧化铝的粒度得以保证,而最终的分解率也得以提高。而对于生产砂状氧化铝时就要控制较高的分解初温(70～85℃)和分解终温(60℃),这样能生产出颗粒较粗而且强度较大的氢氧化铝。但分解速度减慢,分解率较低。

6.4.4　晶种的影响

在分解过程中,加入氢氧化铝晶种,使分解直接在晶种表面进行,避免了氢氧化铝晶体漫长的自发成核过程,加速了分解精液的分解速度,并且也能得到粗粒的氢氧化铝产品。

晶种的添加量通常用晶种系数(也称种子比)来表示。晶种系数是指作为晶种的氢氧化铝中的氧化铝数量与用以分解的精液中的氧化铝数量的比值。

晶种系数的大小有一最佳值。当其他条件及晶种粒度和活度相同时,提高晶种系数,晶种表面积随之增加,因而分解速度加快。但是,过高的晶种系数,一方面使氢氧化铝在生产流程中的循环量增大,带来设备及动力费用的增加;另一方面,由于种子不经洗涤,会导致种子附液进入分解精液的数量增多,从而使分解精液的苛性比值升高,分解速度于是不再提高。因此,晶种系数过高也是不利的,选择必须适当,目前,晶种系数一般为 1.0～3.0。

国内外绝大多数氧化铝厂都是采用循环氢氧化铝作晶种。通过分级,将细粒氢氧化铝作为晶种,粗粒氢氧化铝作为产品。

6.4.5　分解时间的影响

在一定的分解条件下,分解时间对分解速度和最终分解率是有一定影响的。在分解初期,分解速度很快,随着分解时间的延长,分解速度会越来越慢。虽然分解率仍在提高,但提高的速度越来越慢。所以,分解时间短,分解率低,氧化铝返回得多,循环母液的苛性比值低,不利于溶出,将会使一系列的技术经济指标恶化,这是不允许的。反之,为了得到高分解率而无限地延长分解时间,又会造成设备产能的降低,这也是不允许的。

在工业生产中,分解时间一般为 30～72 h。

6.4.6　搅拌的影响

分解槽的搅拌一般有两种形式,即是机械搅拌和空气搅拌。搅拌的目的是使氢氧化铝晶种能在铝酸钠溶液中保持悬浮状态,以保证晶种与溶液有良好的接触;另一方面还使溶液的扩散速度加快,保持溶液浓度均匀,破坏溶液的稳定性,加速铝酸钠溶液的分解,并能使氢氧化铝晶体均匀长大。

搅拌速度过慢过快都是不利的。过慢不但起不到搅拌的作用,甚至还有可能造成氢氧化铝沉淀;过快则有可能把生成的氢氧化铝晶体打碎,造成氢氧化铝晶体变细。

6.4.7　杂质的影响

铝酸钠溶液中的杂质通常有氧化硅、有机物、硫酸钠和碳酸钠以及其他微量元素等。

氧化硅的存在使铝酸钠溶液的稳定性增加,阻碍分解过程的进行。但由于拜耳法精液的硅量指数一般在 300～350,所以二氧化硅的含量少。因此,它的影响很小。

有机物在溶液中的存在,使铝酸钠溶液的黏度增大,因而铝酸钠溶液的稳定性增加,分解速度减慢。另一方面它吸附在析出的氢氧化铝表面,阻碍氢氧化铝晶体的长大,从而造成产品氢氧化铝粒度变细的不良后果。

碳酸钠和硫酸钠浓度在溶液中增加时,溶液黏度增加,分解率下降。

综上所述,影响种分分解率和产品质量的因素虽然很多,但毕竟有主次之分。对分解操作者来说,主要是保证晶种的数量和品质,掌握好降温制度和液量平衡等。从而提高分解率和保证产品氢氧化铝的品质。

6.5 晶种分解工艺

晶种分解流程分为间断分解和连续分解两种流程。

间断分解的过程包括进料、分解、出料周期性的作业,为单槽作业方式,目前已被淘汰。

连续晶种分解的工艺流程见图 6-1 所示。

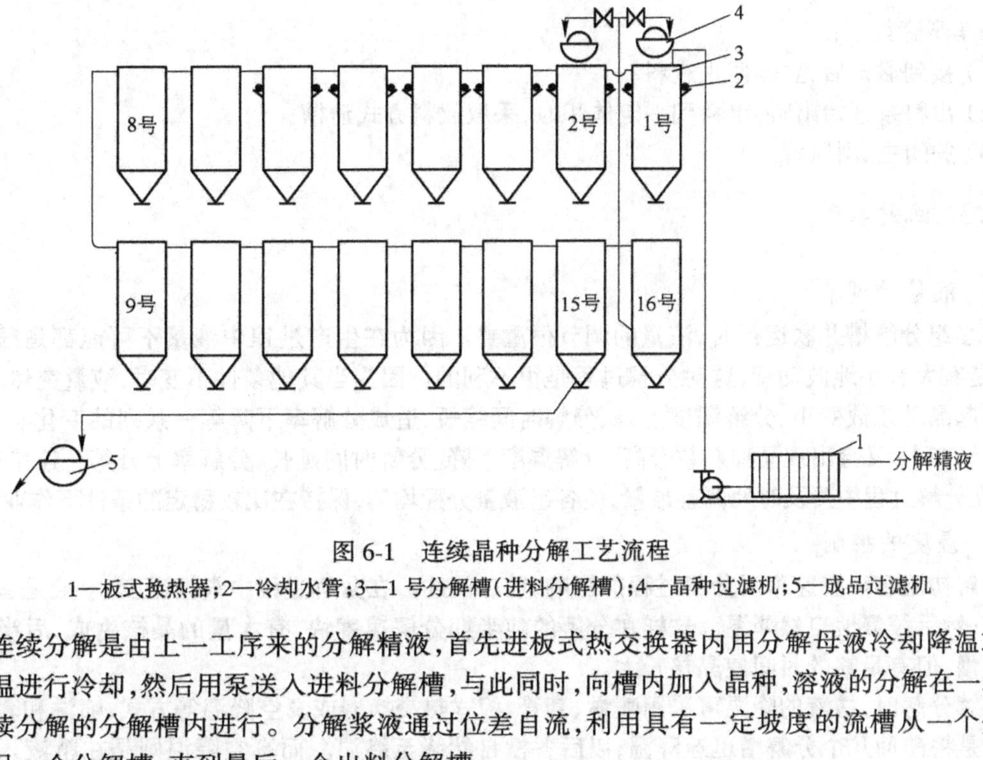

图 6-1 连续晶种分解工艺流程

1—板式换热器;2—冷却水管;3—1 号分解槽(进料分解槽);4—晶种过滤机;5—成品过滤机

连续分解是由上一工序来的分解精液,首先进板式热交换器内用分解母液冷却降温或用真空降温进行冷却,然后用泵送入进料分解槽,与此同时,向槽内加入晶种,溶液的分解在一组串联的连续分解的分解槽内进行。分解浆液通过位差自流,利用具有一定坡度的流槽从一个分解槽流到另一个分解槽,直到最后一个出料分解槽。

分解槽有空气搅拌分解槽和机械搅拌分解槽两种。

下面叙述空气搅拌分解槽的工艺操作。机械搅拌分解槽的操作不再介绍。

6.5.1 晶种分解的技术操作

6.5.1.1 开车步骤

开车步骤如下:

(1) 在分解槽进料前对主、副风管和翻料管等进行详细的检查,看有无堵塞,如有堵塞,应及时处理;

(2) 检查管道流程是否正确,阀门是否好用;检查溜槽是否有结疤,如有则尽快处理掉,防止有溢流时冒料;

(3) 槽子进料时,打开主、副风管的阀门,以副风管为主进行搅拌,主要是防止风管堵塞及槽内物料沉淀;

(4) 槽有料后,检查底流孔和出料阀人孔是否漏料,如有漏料,及时停车放空处理;

(5) 液面上升到半槽时,开大主风管阀门,加大送风量,以主风管为主进行搅拌,将副风管阀门关小至不堵为原则;

(6) 待槽内液面达到规定体积时,将风门调整适当,避免风量过大造成冒槽。在保证循环正常的前提下,注意液量的调节;

(7) 当第一个槽的溢流进入下一个槽时,按上述步骤启动该槽。以此类推,逐渐将后续分解槽启动。

6.5.1.2　停车步骤

停车步骤如下:

(1) 接到通知后,立即停止进料;

(2) 出料泵开始出料,出料到一定体积时,采取放料方式清槽;

(3) 关闭主、副风管。

6.5.1.3　注意事项

A　液量的调节

在多组分解槽并联运行时,液量的调节很重要。因为在生产过程中液量不可能都是很平稳的,总是有大有小地波动着,这对分解过程是很不利的。因为当其他条件不变时,液量突然增大,必然引起晶种系数变小、分解温度上升、分解时间缩短、造成分解率下降等一系列的变化。反之,液量突然变小,又会出现晶种系数升高、分解温度下降、分解时间延长、分解率上升等一连串变化。因此,在分解过程中要及时地调整液量,使各组液量分配均匀,保持在比较稳定的条件下作业。

B　温度的控制

分解初温和降温速率对分解过程的影响,前已阐述。在分解过程中掌握温度,一般是首先快速降温,然后缓慢地自然降温。这样在分解的前半期分解速度快,有大量的晶核生成,后半期分解速度慢,但有足够的时间使晶核长大。

连续分解时,精液的降温可采用喷淋、套管、板式热交换器或真空降温等方式,喷淋和套管降温一般是将前面几个分解槽迅速降温,以后各槽自然降至终温。而真空降温则是在精液入槽前强行降温,入槽后在流动分解过程中通过自然降温至终温。

降温时根据具体情况和季节变化按降温速率进行降温。

C　风压的作用及控制

对于空气搅拌分解槽而言,就有风压的控制问题。

为了得到较好的技术经济指标,首先要保证分解作业的正常进行,而总风压则是保证分解作业正常进行的先决条件。空气搅拌的总风压不得低于正常分解中最大体积分解槽的液柱压力。如果低于这个压力就会导致分解槽内氢氧化铝的沉淀,分解作业就无法进行。由此可见,总风压对搅拌分解来说是十分重要的。

在分解过程中,总风压的波动势必引起槽压的变化。风压过高,风量过大,虽然搅拌强度大,搅拌均匀,但是由于通风过多,物料在槽内剧烈地翻腾,风和碱接触生成许多小气泡,此气泡往上升时,会把碱液带出,容易造成分解槽冒沫或冒槽。这对于压缩空气和分解浆液都是浪费。风压过低,风量过小又有造成分解槽内物料沉淀的危险。因此,对总风压要求控制稳定。但在生产过程中,总风压的波动是经常发生的,所以操作人员必须加强巡回检查,了解各槽的搅拌情况,对各槽的具体问题及时进行适当的调整,才能保证分解作业的顺利进行。

槽压代表液柱压力,如果在生产中出现槽压升高或降低,以及主、副风管压力差增大等现象,都说明槽内不正常,需要进行必要的检查和处理。

D 晶种系数的控制

晶种系数直接影响到分解过程产量的高低和质量的好坏。

操作上对晶种系数的控制一般是通过分解槽内取样作固体含量分析来了解槽内晶种量的变化情况。在生产中进料分解槽的固体含量一般控制在300～400 g/L。

6.5.2 晶种分解的主要技术指标

各厂的矿石类型不同,溶出液的各项指标不相同,并且对产品质量有各自的要求,所以晶种分解的作业条件是不同的。下面列出了某厂粉状氧化铝的常规分解作业技术指标:

(1) 分解精液氧化铝质量浓度135～145 g/L;

(2) 分解精液的苛性比值要小于1.70;

(3) 种分初温60～75℃,终温40～50℃;

(4) 晶种系数1.5～2.0;

(5) 分解率大于50%;

(6) 分解母液的苛性比值控制在3.3～3.4;

(7) 分解时间50～75 h。

6.5.3 分解过程常见故障的发生原因与处理方法

6.5.3.1 停风

对于空气搅拌分解槽来说,在分解作业中,如果突然停风,分解槽的搅拌便停止。时间长了分解槽内的物料就可能沉淀,将风管堵死,导致分解作业无法进行。如发现停风,首先应立即将各组前几个分解槽主、副风管阀门全部关严,然后再关闭其他各槽的主、副风管的阀门。目的是防止分解槽倒料并且主、副风管内保存有一定的余压,这可以减缓风管堵塞的速度,并停止加种子。当再送风时,应迅速地按顺序(首槽先开)开风管阀门,根据各槽的具体情况,及时调整风量。如有不能启动的槽,则隔离拉空清理。

实践表明,停风时间在二十分钟内,一般可以抢救过来,不至于造成分解槽的物料沉淀。

6.5.3.2 停电

对于机械搅拌分解槽而言,在分解作业过程中突然停电,机械搅拌便停止工作,槽内物料有可能沉淀,甚至将槽顶拉垮,导致分解作业无法进行。所以停电后同时要停止加种子,待来电后,视搅拌情况,再加种子。

6.5.3.3 种子沉积

种子沉积多发生在进料分解槽。因为连续分解是利用溜槽作为物料传递的通道,而那些粗颗粒的氢氧化铝和槽内生成的结疤块却无法流入溜槽。所以,在进料分解槽内的粗粒氢氧化铝和结疤块日积月累就越来越多。在这种条件下进行作业时,就可能引起风管堵塞,导致分解槽的物料沉淀。特别是当分解槽内固体含量较高时，那就更容易发生这种情况，只有停槽处理。

6.5.3.4　风管堵塞

在空气搅拌分解过程中，每组前面几个槽子由于分解速度快，温度比较高，氢氧化铝沉淀的速度也快，而且结疤比较严重。因此，如不定期地清理，当风压比较低，搅拌不太好的情况下，主、副风管均有被堵塞的可能。如果副风管被堵塞，主风管畅通，此时分解槽照样翻料。但已经说明槽内结疤严重，是应该清理的时候了。如果主风管被堵塞，分解槽内的搅拌便停止。

当发现风管堵塞时，应及时组织抢救，先将周围各槽的风量进行适当的压低，然后再将事故槽的风门开大，加大送风量，若堵管时间不长，堵得不严重，一般可以通开，并容易恢复正常。若堵管时间长，堵得严重，槽内的氢氧化铝已经大量沉淀，此时可从分解槽尖底放料并在事故放料阀用人工捅的办法进行处理，这是一项比较危险的工作，在进行此项工作时，要特别注意人身安全和严防事故的发生。

6.5.3.5　翻料不正常

空气搅拌分解槽是由一定压力的空气入槽后通过升液管来使分解液进行搅拌的，所以伴有液体翻料的现象。翻料不正常有翻料过弱、翻料过猛或这两种情况交替进行等三种情况。

故障发生原因如下：

(1) 入槽风压低造成翻料过弱，处理不及时会造成沉淀。造成入槽风压低的原因有：分解液的固含过高，没有及时调大风压；风管堵塞或风管破裂，没有及时处理造成风压过低；

(2) 入槽风压过高造成翻料过猛，处理不及时会造成冒槽；

(3) 风压不稳会造成翻料忽猛忽弱。

对于翻料不正常的故障不同情况不同处理：

(1) 翻料过弱的处理方法是增大风压；

(2) 翻料过猛的处理方法是减少风压；

(3) 稳定风压；

(4) 如果采取上述方法处理后，不见效果，则按沉淀事故处理。

6.5.3.6　沉淀

沉淀是析出的固体氢氧化铝不能悬浮在溶液中沉降到槽底的现象。

发生沉淀的原因如下：

(1) 机械搅拌槽的搅拌强度不够；

(2) 空气搅拌分解槽的翻料过弱现象没有得到及时处理。

出现沉淀时，要立即隔离该槽，并将该槽清槽处理。

6.5.3.7　冒槽

分解浆液从槽中溢出的现象就是冒槽。

发生冒槽原因如下：

(1) 进料量太大，溶液体积超出槽的容积；

(2) 溜槽结疤严重或堵塞，堵塞了槽与槽之间的溢流走向，使槽内液体体积不断增加从而溢出；

(3) 风压过大，使翻料过猛；

(4) 出料管堵塞,不能及时出料,使末槽液体体积增加,槽与槽之间不能靠位差自流而溢出。

出现冒槽后,要根据具体原因进行处理:

(1) 调整进料量,减小进料量;

(2) 处理堵塞的溜槽;

(3) 减小通风量;

(4) 倒槽处理出料管。

6.5.3.8 处理事故时的注意事项

当处理槽内物料沉淀时,必须注意保护大梁和槽顶。发生沉淀事故后,槽内沉淀物与翻料管以及风管等粘结在一起。当采取下部放料时,氢氧化铝沉淀层便往下移动,这时就有以千吨重的力作用在悬挂翻料管的大梁上,这就很容易使大梁和槽顶塌陷。所以,在处理沉淀之前应先把悬挂螺栓松开,将翻料管放到底,以保护大梁和槽顶的安全。

6.6 分解设备结疤的情况

在生产过程中,由于分解槽长期运行,往往在槽底、槽壁和槽顶都有结疤的生成。特别是在连续分解的前几个分解槽内尤为突出。结疤的成分主要是氢氧化铝和碱,结构致密坚硬。

结疤的存在不仅影响槽内的散热,而且还容易造成风管堵塞引起事故。因此,对分解槽内的结疤必须有计划地定期清理。

清理分解槽内的结疤,可用风镐打碎结疤或是用炸药炸结疤等机械方法清理。此法比较简单和快速,但此工作较繁重和危险。最好的方法就是用化学清理的方法。即用生产过程中的蒸发母液浸泡法。具体做法是用苛性碱质量浓度为 280~300 g/L,温度为 100~110℃ 的种分蒸发母液,送进已撤空料浆待清理的槽内,进行搅拌。使结疤中的氢氧化铝溶解于碱液中,而达到清理的目的。实践表明,浸泡 6~7 天结疤清理得较干净,效果良好。

复习思考题

6-1 简述晶种分解的机理?

6-2 生产砂状氧化铝和生产粉状氧化铝(或中间状氧化铝)晶种分解技术条件在原则上有哪些不同?

6-3 分解析出的氢氧化铝中所含氧化钠有哪几种有存在形式,什么是氢氧化铝中的可洗碱和不可洗碱?

7 氢氧化铝分离及洗涤

7.1 氢氧化铝分离及洗涤概述

经晶种搅拌分解或碳酸化分解后所得到的氢氧化铝浆液，要进行分离。分离得到的氢氧化铝大部分不经洗涤返回流程作晶种，其余部分经洗涤制成氢氧化铝成品。母液则返回流程中重新使用。

为了达到氢氧化铝与母液分离，以及分级得到晶种和成品的目的，在一般情况下都是先将氢氧化铝料浆进行浓缩，然后再进行过滤分离。浓缩分离可采用的设备有水力旋流器、浓缩器、沉降槽或真空过滤机等。在工业生产中有时只用一种设备，有时两种设备串联起来用，这就需要根据生产中的具体情况而定，各氧化铝厂的氢氧化铝分离及洗涤工艺不尽相同。如有些厂采取出料分解槽作浓缩器，让氢氧化铝浆液在分解槽内静止浓缩，底流去过滤作成品，上层浆液去过滤分离作晶种。

本书仅叙述真空过滤机分离和二次反向洗涤氢氧化铝流程。

氢氧化铝过滤机分为种子过滤机、分离过滤机及洗涤过滤机三种。种子过滤机过滤所得的氢氧化铝滤饼，用精液冲至混合槽，然后再用泵送到分解槽内作晶种。分离过滤机所得到的氢氧化铝滤饼由于含碱高，因此，需要洗涤，有一次洗涤和二次洗涤两种，一般均采用二次反向洗涤。二次反向洗涤的过程是：将加热至90℃以上的软水用来冲洗过滤机漏斗，使氢氧化铝滤饼在混合槽内进行搅拌洗涤，然后再用泵送至成品过滤机进行过滤，其滤饼就是氢氧化铝成品，用皮带送焙烧窑。其滤液即是一次洗液被送到分离过滤机冲洗漏斗，使氢氧化铝滤饼在混合槽内进行搅拌洗涤，然后再用泵送至洗涤过滤机进行过滤。其滤液即是二次洗液，送到赤泥洗涤系统作洗涤用水。

7.2 氢氧化铝分离及洗涤工艺

7.2.1 过滤机的操作

过滤机开车步骤如下：

(1) 长期停车的过滤机和检修清理后的过滤机，在开车前要检查电器设备的绝缘情况、传动设备的咬合情况和过滤机的滤布铁丝是否完好，刮刀距离是否适当等等，无问题时才能开车；

(2) 接到送料通知后，开启搅拌，正常后开启过滤鼓；

(3) 关闭放料阀，开始进料，通知真空泵和受液泵的操作人员开车，并让混合槽准备受料；

(4) 待液面接触过滤鼓时，开启真空阀门进行过滤；

(5) 调节滤鼓，使滤饼厚度达到正常。

过滤机停车步骤如下：

(1) 停止送料，继续过滤；

(2) 待料浆液面降至最低时，关闭真空阀门，吹脱滤饼，停止过滤鼓；

(3) 通知受液泵和真空泵的操作人员停车；

(4) 打开放料阀放料,放空后停止搅拌;

(5) 换布停车时,需加水刷车,为换布做好准备。

操作注意事项如下:

(1) 调节进料量,保持高液面和稳定液面的操作,防止冒槽;

(2) 经常巡回检查搅拌电机、滤鼓电机运转情况,电机温度:冬季应在60℃以下,夏季不得超过70℃;

(3) 检查各运转部件是否正常,发现异常要及时处理;

(4) 注意检查各润滑处的油质、油量及润滑情况,每班加油一次;

(5) 注意漏斗的液量情况,防止漏斗堵塞,并注意滤布破损及铁丝松脱等情况;

(6) 注意滤饼吸附情况,吹风不宜过大;

(7) 注意不让工具或其他杂物掉入槽内,以免影响搅拌机的正常运转。

7.2.2 氢氧化铝分离及洗涤主要技术指标

主要技术指标如下:

(1) 氢氧化铝的洗水温度不得低于90℃,用水量控制在1~1.2 t/(t·Al_2O_3);

(2) 过滤料浆温度:种分温度高于35℃;碳分温度高于80℃;

(3) 料浆液固比控制在1~4范围;

(4) 真空度应保持在4.0×10^4~5.3×10^4 Pa;

(5) 吹风压力控制在0.15~0.25 MPa;

(6) 种分母液浮游物不得大于1.0 g/L;碳分母液浮游物不得大于1.0 g/L;

(7) 成品氢氧化铝的附碱含量不大于0.12%;

(8) 成品氢氧化铝的含水率在12%左右。

7.2.3 氢氧化铝分离及洗涤常见故障的发生原因与处理方法

7.2.3.1 滤饼脱落

故障发生原因如下:

(1) 氢氧化铝浆液的液固比太小,滤饼不密实;

(2) 滤机内液面低;

(3) 滤饼太厚;

(4) 真空度突然降低,吸不住滤饼。

故障处理方法如下:

(1) 调大进料液固比;

(2) 提高液面;

(3) 增开真空泵;

(4) 找出真空度突然降低的原因,及时处理。

7.2.3.2 搅拌机负荷大或跳闸

故障发生原因如下:

(1) 氧化铝颗粒太粗或沉积槽底太厚;

(2) 滤饼脱落严重未及时处理;

(3) 有杂物掉入；
(4) 电气开关接触不良或电压低等。
故障处理方法如下：
(1) 停止过滤，将料放入混合槽；
(2) 及时处理脱落的滤饼；
(3) 取出杂物；
(4) 停车检修电气设备。

7.2.3.3　真空度突然降低

故障发生原因如下：
(1) 滤布破损漏气；
(2) 真空头串气；
(3) 真空管道漏气；
(4) 机内液面太低；
(5) 真空泵跳阀；
(6) 真空泵冷却水不足；
(7) 停车的真空阀门未关严。
故障处理方法是根据上述原因，分别处理。

7.2.3.4　物料沉淀

故障发生原因如下：
(1) 氢氧化铝颗粒太粗或颗粒粗细不均；
(2) 滤饼脱落；
(3) 进料液固比小；
(4) 滤布堵塞严重，不能进行过滤；
(5) 压料后处理不及时；
(6) 突然停电。
故障处理方法是：停止进料，打开放料阀门放料，用水将滤槽内的沉淀物料冲净，然后攀车、开启搅拌，重新开车。

7.2.3.5　压料

故障发生原因如下：
(1) 氢氧化铝浆液固含高；
(2) 搅拌故障，使固相沉积；
(3) 前后料量不平衡，相应技术条件没有随之改变；
(4) 滤布堵塞严重。
故障处理方法如下：
(1) 调整来料固含；
(2) 停车放料，检修搅拌；
(3) 倒车换布。

7.2.3.6 真空受液槽跑碱

故障发生原因如下：

(1) 真空度过高，打破受液槽进出料平衡；

(2) 受液泵内进气，没有正常出料；

(3) 受液泵磨损，出料少。

故障处理方法如下：

(1) 降低真空度；

(2) 受液泵停车修理。

复习思考题

7-1 氢氧化铝与种分母液分离后进行洗涤的目的是什么？

8　氢氧化铝焙烧

8.1　氢氧化铝焙烧原理及流程

焙烧就是将氢氧化铝在高温下脱去附着水和结晶水，并使其发生晶型转变，制得符合电解所要求的氧化铝的工艺过程，是生产氧化铝产品的最后一道工序。

8.1.1　氢氧化铝焙烧原理

工业生产中经过过滤的湿氢氧化铝是三水铝石（$Al_2O_3 \cdot 3H_2O$），并带有10%～15%的附着水。在焙烧过程中随着温度的提高，湿的氢氧化铝会发生脱水和晶型转变等一系列的复杂变化，最终由三水铝石变为$\gamma-Al_2O_3$和$\alpha-Al_2O_3$。

A　附着水的脱除

湿氢氧化铝的附着水，在110～120℃时，附着水就会被蒸发掉。

B　结晶水的脱除

氢氧化铝烘干后其结晶水的脱除是分阶段进行的。

当加热到250～450℃时，氢氧化铝脱掉两个结晶水，成为一水软铝石：

$$Al_2O_3 \cdot 3H_2O \longrightarrow Al_2O_3 \cdot H_2O + 2H_2O(\text{气})$$

继续提高到500℃时，再脱掉一个结晶水，生成$\gamma-Al_2O_3$：

$$Al_2O_3 \cdot H_2O \longrightarrow \gamma-Al_2O_3 + H_2O(\text{气})$$

C　氧化铝的晶型转变

脱水后生成的$\gamma-Al_2O_3$结晶不完善，具有很强的吸水性，不能满足电解铝生产要求。需要对其进行进一步的晶型转变，转变为$\alpha-Al_2O_3$。随着温度提高到900℃以上时，$\gamma-Al_2O_3$开始变成$\alpha-Al_2O_3$。若在1200℃下焙烧4 h，就可以全部变成$\alpha-Al_2O_3$。此时生成的$\alpha-Al_2O_3$晶格紧密，密度大，硬度高，但化学活性小，在冰晶石熔体中的溶解度小。

8.1.2　煅烧过程对氧化铝质量的影响

A　温度的影响

温度越高，氧化铝中的灼减（结晶水）含量越少，$\alpha-Al_2O_3$越多。

在正常焙烧温度下，氧化铝产品的粒度不受影响，主要由氢氧化铝的粒度决定。

B　矿化剂的影响

在焙烧氢氧化铝时，加入少量矿化剂能加速Al_2O_3的晶型转变过程，可以降低焙烧温度，缩短焙烧时间，从而提高设备的产能，降低能耗。

工业上添加的矿化剂有氟化铝（AlF_3）和（CaF_2）等。添加矿化剂焙烧能得到$\alpha-Al_2O_3$含量高的氧化铝，粘附性好，易成团，结晶表面不平，晶粒较粗，流动性差，在电解质中溶解速度降低，所以矿化剂没有被广泛采用，特别是生产砂状氧化铝的工厂，一般不采用矿化剂。

C 焙烧燃料的影响

焙烧燃料采用重油，带入氧化铝产品中的杂质少，所以氧化铝产品的纯度主要取决于氢氧化铝中间产品的纯度。

D 氢氧化铝晶体粒度和强度的影响

氢氧化铝产品的粒度和强度对氧化铝产品影响较大。粒度较粗，强度较大的氢氧化铝才能焙烧出粒度较粗的氧化铝；反之则不能。

8.1.3 氧化铝焙烧工艺流程

目前，氧化铝焙烧工艺有两种：回转窑焙烧工艺和流态化焙烧工艺。

由于流态化焙烧工艺具有热耗低，产能高，维修费用少，占地面积小，产品质量好等优点，新建企业都采用了流态化焙烧工艺，而老企业仍在使用回转窑焙烧工艺。两种工艺流程都是用重油作为燃料的。

回转窑焙烧工艺设备连接见图 8-1 所示。

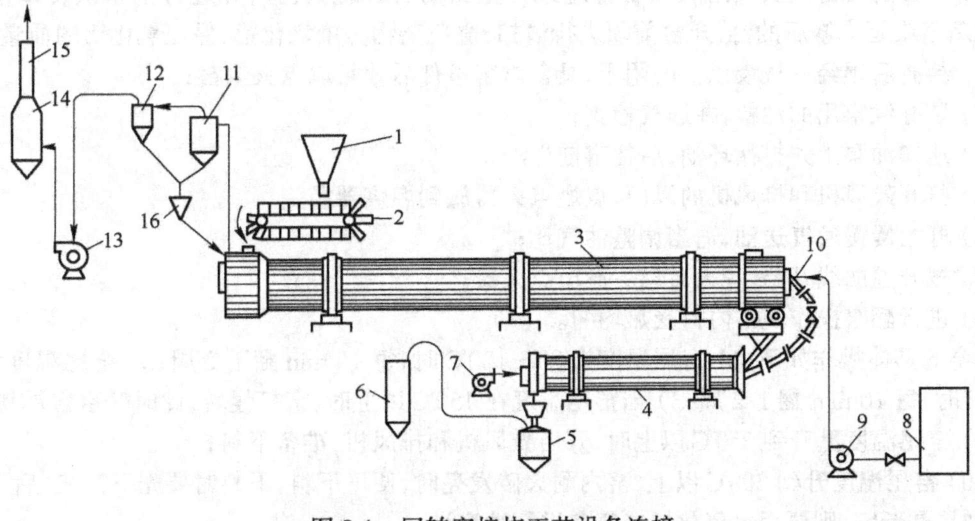

图 8-1 回转窑焙烧工艺设备连接

1—氢氧化铝储仓；2—板式饲料机；3—焙烧窑；4—冷却机；5—吹灰机；6—氧化铝储仓；7—鼓风机；8—储油罐；9—油泵；10—油枪；11—一次旋风收尘器；12—二次旋风收尘器；13—排风机；14—电收尘器；15—烟囱；16—集灰斗

8.2 回转窑焙烧工艺

8.2.1 回转窑焙烧氢氧化铝的原理

回转窑是按逆流原理进行工作的，通常窑体具有一定的倾斜度，一般为 2%～3%。燃料及助燃空气由较低的窑头一端入窑，而物料则从较高的窑尾端加入，物料与热气流在窑内朝相反方向运动。当窑体转动时，就把物料带到一定高度，然后在重力的作用下，物料又沿斜面下落。由于窑体有一定的倾斜度，当物料升起和落下的时候，就向窑头方向前进一定距离，直至窑头，完成由氢氧化铝变成氧化铝的焙烧过程。

根据物料在窑内不同温度区域发生的物理化学变化，可将窑划分为如下 4 个区域：

(1) 烘干带：入窑的物料由 40℃左右被加热到 200℃，湿氢氧化铝所带的附着水在此带全部被蒸发掉。而窑气的温度则由600℃左右降低到250～350℃而排出窑外。

(2) 脱水带:物料由200℃继续加热到900℃,氢氧化铝的结晶水在此带得到脱除而变成$\gamma-Al_2O_3$。窑气温度由1050℃降至600℃左右。

(3) 烧成带:物料温度由900℃加热到1200℃左右,使$\gamma-Al_2O_3$转变为$\alpha-Al_2O_3$。其转变过程决定于温度、停留时间以及是否添加矿化剂等条件。此带的气流温度为1050～1400℃。

(4) 冷却带:物料在此带由1200℃冷却到1000℃左右,然后进入冷却机继续冷却至70℃左右排出。

以上各个区域的长度不是固定不变的,它随着焙烧窑规格的不同及操作条件的变化而变化,但各带的温度基本上是不变的。

8.2.2 回转窑的开停窑操作(重油作燃料)

A 回转窑的开窑

开窑操作如下:

(1) 开窑前对窑体及其附属设备都应进行全面的、认真的检查,并进行空车试转以消除隐患。对新窑或是大修后的窑,开窑前须进行清扫,避免杂物污染氧化铝,保证氧化铝的质量;

(2) 换砖后须经一昼夜以上的阴干,具备烘窑条件后才可以点火烘窑;

(3) 装好烘窑用的油枪,并通气检查;

(4) 通知油泵工先打循环油,后往窑前送油;

(5) 打开鼓风机和排风机的风门,点燃点火器放到燃烧器前头;

(6) 开始慢慢通气送油,适当调整油气比;

(7) 按升温曲线升温,等火自燃后撤出点火器;

(8) 进行翻窑操作使窑内衬受热均匀。

翻窑的具体操作如下:1) 窑尾温度为80～120℃时,每15 min翻1/2周;2) 窑尾温度为120～150℃时,每10 min翻1/2周;3) 当窑尾温度在150℃以上时,窑打慢转,此时开启窑尾螺旋;

(9) 窑尾温度上升到250℃以上时,开启鼓风机和排风机,准备下料;

(10) 窑尾温度升到300℃以上,窑内耐火砖发亮时,便可下料,下料时要先下窑灰,后下氢氧化铝(如果是新窑,则要用氢氧化铝或窑灰进行洗窑);

(11) 下窑灰后开电收尘,下氢氧化铝后开启冷却机;

(12) 逐步增加下料量,调节前后风和油气比,4～6 h可达到正常生产条件。

B 回转窑的停窑

停窑有计划停窑和紧急停窑两种情况,计划停窑是根据生产和设备情况事先有计划地安排停窑。紧急停窑则是因窑内突然发生故障而被迫停窑。

计划停窑操作如下:

(1) 停窑前4 h应逐步减少下料量,要减少燃料及前后风,并严格控制窑尾温度,使其不要太高;

(2) 当下料量减少到一定程度,料仓内氢氧化铝排空后停止下料,继续烧窑灰;

(3) 烧窑灰至窑尾温度低于250℃;

(4) 关闭油门停止燃料供应,用蒸汽通油枪和油管路,然后卸下油枪;

(5) 热风温度降至160℃,停鼓风机、排风机、电收尘,关闭前后风门;

(6) 窑尾温度降至150℃时,换上事故电机转窑,并停入窑螺旋;

(7) 转窑,与前面所述的开窑时转窑的规定相同。

紧急停窑操作如下：

如果故障在短时间内能处理好就采用烘窑保温；如果短时间内处理不好则如上述步骤停窑。

8.2.3 回转窑的正常操作

回转窑的正常操作中最主要的操作是控制窑内温度正常。而回转窑的温度控制主要是在窑头通过看火孔观察窑内情况，根据所观察到的情况判断窑内温度的高低，并采取相应的措施。

8.2.3.1 窑内温度的判断

A 根据物料灼减含量判断窑内温度

物料灼减含量与窑内温度的关系如下：

物料为暗红色而外围发白，且红色很快失去者，显示物料的灼减含量过高不合格，就表明此时窑内温度偏低。

物料为杏黄色，则物料灼减含量约为0.7%～0.8%，表明此时窑内温度正常。

物料为亮黄色且刺眼，则物料灼减含量为0.5%左右，表明此时窑内温度偏高。

如果物料已成为黄白色且结块较大，则物料灼减含量为0.1%～0.2%左右，表明此时窑内温度过高。

具体操作为：用长柄铁勺从窑头看火孔掏出物料，观察其颜色现场直接判断出物料灼减含量，并根据物料灼减含量与窑内温度的关系判断窑内温度是否正常。

B 根据物料在窑内的流动状况判断窑内温度

窑内温度过低时，则物料在窑内流动性好，物料在窑内不能沿窑壁带上去，而顺料面往下流动，且朝窑头移动速度很快。

窑内温度正常时，则物料能沿窑壁带上去且滑下来，朝窑头移动速度正常。

窑内温度过高时，则物料流动性不好，物料能在窑内沿窑壁带上去很高，而呈块状滑下来很慢，且朝窑头移动速度很慢。如果物料带上去愈高，则窑内温度就愈高。

具体操作为通过看火孔观察。

C 根据火焰和耐火砖的颜色判断窑内温度

窑内温度过低时，火焰和耐火砖的颜色发暗，窑内发浑。

窑内温度过高时，火焰和耐火砖的颜色很亮且发白，窑内清晰。

具体操作为通过看火孔观察。

D 燃料燃烧的判断

通过观察烟囱排放的废气的颜色，可以判断燃料燃烧的情况。

废气发黑时，说明燃料燃烧不完全。

废气颜色发白，则说明燃烧情况较好。

E 观察窑头、窑尾、烧成带温度

窑头、窑尾和烧成带的温度是体现窑内温度变化的重要参数，要按时记录。出现异常，要及时调整相关操作，使其严格控制在正常范围内，其波动范围一般不应大于30℃。

8.2.3.2 控制窑内温度的操作

通过上述观察，如果出现温度异常则采取以下措施进行窑内温度控制：

(1) 调整油气比、前后风、油的预热温度来改变火焰的长短；

(2) 窑内温度低时适当增加油量。如燃烧不完全时则应适当减少油量或增加前风;

(3) 增加燃料的同时,应加大前风;

(4) 当窑内温度过低用上述方法不能达到预期效果时,则应及时减料,关小排风,窑打慢转,待温度提起来后再恢复正常;

(5) 如果窑内温度过高,物料开始结块,可适当增加下料量或减少燃料。

8.2.3.3 注意事项

操作注意事项如下:

(1) 烘窑是将窑内衬的水分排掉并使窑内衬温度均匀升到窑正常工作温度的措施,在烘窑期间,要注意温度的上升要均匀,避免升温过快或不均造成窑的内衬损坏。烘窑时间的长短要根据换砖情况确定:1) 新窑或是全部换砖的窑,烘窑时间不得少于 72 h,第一昼夜窑尾温度升到 150℃,第二昼夜窑尾温度升到 250℃,第三昼夜窑尾温度升到 300℃;2) 局部换砖的窑,烘窑不得少于 12 h;3) 不换砖的窑重新开窑时,烘窑时间约 8 h。

(2) 烘窑时的翻窑操作要根据窑尾温度进行,以使窑内衬受热均匀,避免热膨胀的不同使窑内衬破裂和窑体变形。

(3) 对窑头的密封要好,否则在窑运行过程中会使冷空气进入,窑头温度会下降。

(4) 对回转窑的操作要注意每次调节幅度不宜过大,而且在变动一些条件后,应观察一定时间,看其效果,然后,根据情况再变动另外一些条件,否则变动过大势必会破坏窑的正常热工制度。

(5) 氢氧化铝含水量变化时,注意调整下料量;

(6) 回转窑的各个岗位要及时联系,协调操作。

8.2.4 回转窑焙烧氧化铝的主要技术指标

主要技术指标如下:

(1) 焙烧温度控制:砂状氧化铝为 1000~1100℃,面粉状氧化铝为 1200~1250℃;

(2) 入窑氢氧化铝水分小于 15%,纯度、粒度和强度要符合要求;

(3) 窑尾温度 260~280℃,最高不超过 400℃;

(4) 窑尾废气成分中一氧化碳含量小于 0.3%,氧气含量小于 2.0%;

(5) 电收尘器出口废气含尘量小于 0.4 g/m^3;

(6) 入窑热空气温度 350~450℃,窑头温度 700~800℃;

(7) 窑头负压 260~400 Pa;

(8) 重油预热温度 100~130℃,油枪压强大于 1.96×10^6 Pa;

(9) 出窑氧化铝温度低于 1000℃,冷却机出口氧化铝温度低于 80℃。

8.2.5 回转窑生产常见故障的发生原因与处理方法

8.2.5.1 火焰反扑

故障发生原因如下:

(1) 烧成温度低,燃料供应不足,当所需热量大于供应的热量时,造成连续反扑;

(2) 下料不均,燃烧不好,前后风配合不当,火焰不稳造成反扑;

(3) 排风机抽力不足或自动停车造成反扑;

(4) 窑灰管道堵塞捅开后,窑灰量过大直冲而下造成反扑。

故障处理方法如下：

(1) 窑内发浑不亮，火焰从看火孔往外冒，可适当减少前风，开大排风；

(2) 燃料燃烧不好，窑内温度过低，可适量减少油量；

(3) 如果连续大反扑，在减少前风、减少油量、开大排风无效时，可减少或停止下料，同时关小排风，减少油量，窑打慢转，烘窑提温；

(4) 如果跑黑料，应进行隔离，禁止吸入大仓，以免影响产品质量。

8.2.5.2 冒黑烟

故障发生原因如下：

(1) 油量过多，燃料燃烧不完全；

(2) 油温低，蒸气压力小，雾化不良，风量不足。

故障处理方法如下：

(1) 如果窑内温度低，应及时减料，关小排风，窑打慢转提温；

(2) 如果窑内温度不低，可减少油量，加大前风，适当提高油温或调节油气比。

8.2.5.3 窑前下料口堵塞

故障发生原因如下：

(1) 窑内温度过高，物料过烧，结成大块；

(2) 窑内耐火砖脱落或碎裂；

(3) 下料管损坏。

故障处理方法如下：

(1) 停止下料，减少燃料，调整前后风，窑打慢转，间断翻窑；

(2) 用风管或铁棍捅下料口，如短期捅不开，可按短期停窑处理。

8.2.5.4 窑尾积料

故障发生原因如下：

(1) 氢氧化铝水分太大，窑尾温度降低，调整不及时；

(2) 窑灰循环量减少。

故障处理方法如下：

(1) 如果是初积料，应立刻减料或停料，并减少油量，关小排风，使窑内呈适当正压，促使物料向前移动；

(2) 如果积料时间较长，上述方法处理无效时，可停止下料，待窑尾温度升到比正常偏高时，适时下料。

8.2.6 回转窑的设备故障及其处理

8.2.6.1 排风机停车

故障发生原因如下：

(1) 排风机负荷过大；

(2) 机械设备或电气设备发生故障；

(3) 电压低，电流不稳。

故障处理方法如下：

(1) 停止下料，减少油量，保持窑内温度，使窑慢转；

(2) 关小前风或停止鼓风。

8.2.6.2 鼓风机停车

鼓风机停车原因与排风机相同。

故障处理方法如下：

(1) 停电收尘；

(2) 减少油量，关小排风机或停排风机；

(3) 减料到最少或停止下料，使窑慢转，保持窑内温度。

8.2.6.3 饲料机或入窑螺旋停车

故障发生原因如下：

(1) 设备负荷过大；

(2) 电压低，电流不稳；

(3) 电气设备或机械设备发生故障。

故障处理方法如下：

(1) 如果是饲料发生故障时，应采取人工加料维持生产，并及时组织抢修；

(2) 入窑螺旋发生故障时，在 20 min 可以修好的，可关小油门及前后风，使窑慢转烘窑，如果超过 20 min 不能修好可按短期停窑处理。

8.2.6.4 冷却机或吹灰机系统发生故障时的处理方法

故障处理方法如下：

(1) 根据情况减料或停止下料；

(2) 减少油量，关小前后风；

(3) 开大冷却水；

(4) 短时间能处理好时，可烘窑保温，短时间处理不好时，就需停窑处理。

8.2.6.5 停电时的处理方法

故障处理方法如下：

(1) 开动事故电机，防止窑体弯曲变形；

(2) 迅速关闭油门，打开回油管路用蒸汽冲刷油枪；

(3) 关闭前后风门；

(4) 来电后按顺序开车，送油提温下料。

8.3 流态化煅烧工艺

物料在流态化状态下与气体的热交换最为强烈，煅烧时间大为缩短。流态化煅烧炉结构紧凑，设备简单，占地面积小、投资省，由于没有转动部分故可以用较厚的隔热层来减轻辐射热损失。目前，流态化焙烧工艺有沸腾闪速煅烧和循环沸腾煅烧两种，被氧化铝厂广泛应用，回转窑煅烧有逐渐被淘汰的趋势。

8.3.1 沸腾闪速煅烧工艺

沸腾闪速煅烧工艺设备流程图见图 8-2 所示。

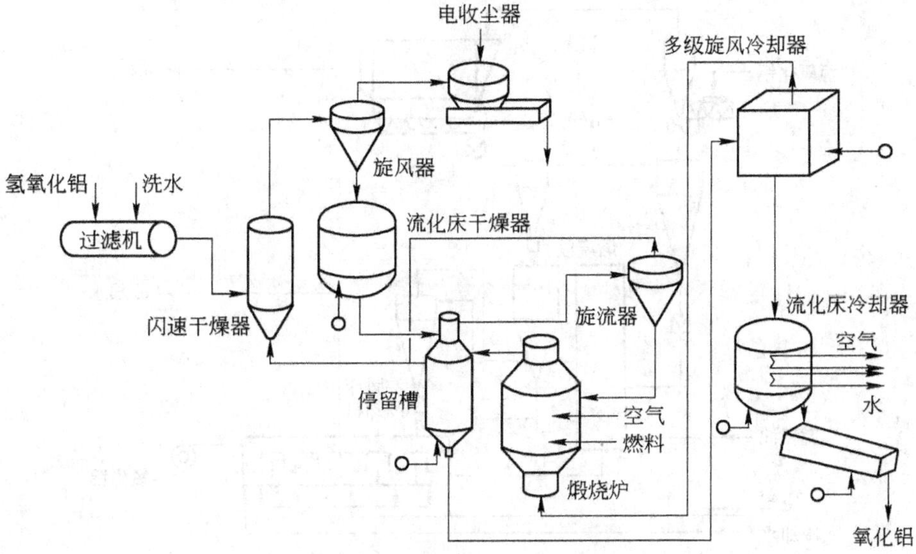

图 8-2 沸腾闪速煅烧工艺设备流程图

沸腾闪速煅烧炉是一个具有锥顶和锥底的立式圆柱体。燃烧用的热空气从炉底部吹入而燃料(天然气或重油)从圆柱体下部周边的 12 支油枪喷入,在闪速煅烧过程中实现完全燃烧,并达到最高温度 1100～1200℃。经过预热煅烧的氧化铝从旋风分离器出来,经倾斜管进入煅烧炉中央。煅烧后的氧化铝和废气从煅烧炉顶部排出,进入停留保温槽的分离器中,分离出来的氧化铝粒子落到停留槽底部的流化床上。

产品氧化铝的最终特性,是在煅烧温度下通过控制氧化铝粒子的平均停留时间来达到的。这就需要控制物料的出料量,改变挟物料的气体在炉底部与上部的压差。由停留槽排出的气体用于预热干燥后的氢氧化铝,而排出的氧化铝经三级旋风器与空气进行三级逆流热交换后,最终经流化冷却器(上层设有管式空气热交换器,下层设有水冷管束)达到冷却目的。被预热的空气送入预热炉,预热后再去煅烧炉供重油燃烧用。

含水约 10％的湿氢氧化铝经皮带输送机送入储仓,再由振动漏斗下到皮带秤,计量后经管式螺旋进入文丘里干燥器,被温度约 400℃的废气干燥后进旋风分离器,由分离器分离出的干氢氧化铝,经由一竖管落入流化干燥器内,流化干燥器不仅可以平衡供料的波动,还可以保证物料的彻底干燥,温度低于 300℃的废气(流化干燥器排出)经电收尘净化后,由烟囱排入大气。

流化干燥后的氢氧化铝按一定流量向下经过一根竖管和控制阀,经气动输入管送入停留槽上部,与 1050℃的热气体混合后进入旋风分离器中进行气固分离。约 400℃的热气体送入文丘里干燥器的底部。氧化铝粒子借重力则通过一根倾斜管道进入煅烧炉进行煅烧。已煅烧好的氧化铝和 850～1250℃废气从煅烧炉排出,进入停留槽的旋风分离器中。气固相分离后的氧化铝粒子落到停留槽底部的流化床上。达到所要求的平均停留时间后,热的氧化铝从停留槽经流化竖管和耐热的控制阀,由气动输送到旋风器的入口,空气和固体粒子在旋风器中分离后,固体粒子掉入旋风器的出口,而被加热的空气去预热炉。氧化铝由旋风器经竖管排入流化冷却器内,冷却至 80℃后经由一个卸料阀排出,再由皮带运输机系统或浓相气体输送系统送往氧化铝仓库。

8.3.2 循环沸腾煅烧工艺

循环沸腾煅烧工艺设备流程图见图 8-3 所示。

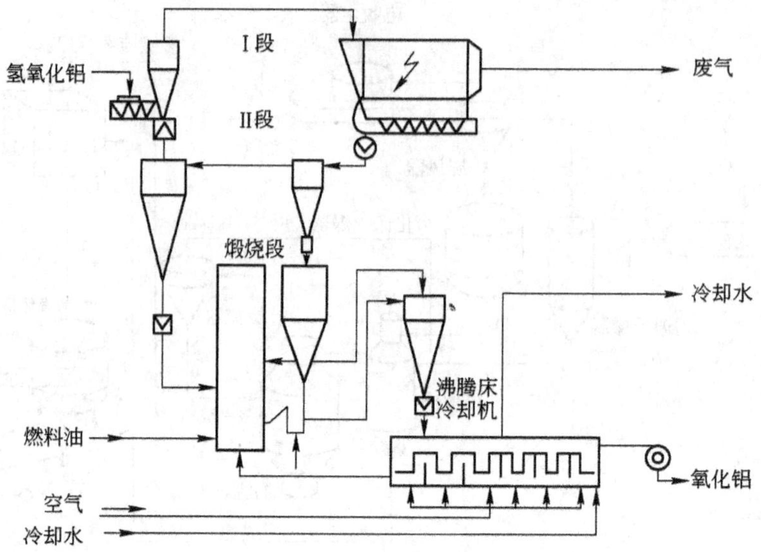

图 8-3　循环沸腾煅烧工艺设备流程图

该设备系统是由两级文丘里沸腾预热器、带有再循环旋流器的沸腾煅烧炉和五级沸腾冷却器三个部分组成。

循环沸腾煅烧工艺的流程是:湿的氢氧化铝(水分约 12%)经皮带秤和螺旋送入第一级文丘里干燥器内烘干附着水,物料与烟气在电收尘器中分离,排出的烟气温度约 130℃,含尘量低于 500 mg/m^3。分离出的干氢氧化铝由空气扬升器送入第二级文丘里预热器,被煅烧炉出来的热烟气加热到 300～400℃并脱掉部分结晶水后,经旋风器分离后加入到沸腾炉中进行煅烧。旋风器排出的烟气进第一级文丘里干燥器加热湿氢氧化铝。

物料在煅烧炉内于 1100～1200℃下进行循环沸腾煅烧,脱掉剩余的结晶水并进行晶型转变。物料在循环中的平均停留时间为 30～60 min。旋风分离器排出热烟气(1000℃以上)送第二级文丘里预热器。由于气流速度大,物料循环量大和固相浓度低,有利于传质和传热,所以煅烧炉的单位截面产能高,产品氧化铝质量稳定。

从循环煅烧炉排出的氧化铝与从冷却器来的热空气在旋风器载流换热,把空气温度提高到 850℃,送入煅烧炉(作为二次气)。氧化铝流入沸腾冷却器,先经二级沸腾冷却使氧化铝温度降到 280℃左右,蛇形管中的空气被间接加热到 550℃(燃烧用一次空气),再经三级沸腾冷却把氧化铝温度进一步降至 80℃,同时把蛇形管中的软水预热(供洗氢氧化铝用)。

复习思考题

8-1　氢氧化铝焙烧的目的是什么?

8-2　氢氧化铝焙烧要经过哪三个过程?

8-3　氢氧化铝焙烧过程对氧化铝的物化性质有什么影响?

9 分解母液的蒸发与苏打的苛化

在生产过程中，由于赤泥的洗涤、氢氧化铝的洗涤以及蒸汽直接加热等使多余的水进入到生产流程中。在拜耳法生产过程中，因为氧化铝的溶出率是随着循环母液苛性碱浓度的提高而上升的，如果不蒸发掉多余的水，就会导致循环母液浓度降低，氧化铝溶出率下降；而在烧结法生产过程中，生料浆的水分过大，将影响熟料窑的操作，使熟料窑产能下降。因此，必须排除在生产过程中加入的多余水分来保持生产系统的液量平衡，使生产顺利进行。

拜耳法流程中多余水分的排除，有四种途径：1) 作为赤泥的附液而排除；2) 作为氢氧化铝的附液而排除；3) 作为自蒸发气体而排除；4) 蒸发过程的排除。

这四种途径中，前三种排除的水分量较少，而绝大多数的水分要靠蒸发排除。

烧结法流程中多余水分的排除，有五种途径：1) 作为赤泥的附液而排除；2) 作为氢氧化铝的附液而排除；3) 作为自蒸发气体而排除；4) 熟料烧结排除；5) 蒸发过程的排除。

前三种排除的水分量较少，而绝大多数的水分要靠后两种排除。但由于熟料烧结对入窑炉料的水分含量有限制，所以也必须靠蒸发来排除大量的水分。

实际中，每生产 1 t 氧化铝需要蒸发的水量，取决于铝土矿的类型和质量、生产方法、采用的设备以及作业条件等因素，差别很大。我国的碱石灰烧结法每生产 1 t 氧化铝需要蒸发 2～3 t 的水分；我国拜耳法厂处理一水硬铝石型铝土矿，当采用铝硅比为 9、直接加热溶出、加热温度为 245℃的工艺条件时，每生产 1 t 氧化铝需要蒸发 7～8 t 水分；我国联合法厂处理一水硬铝石型铝土矿，当采用铝硅比为 10、直接加热溶出、溶出温度为 245℃的工艺条件，生产 1 t 氧化铝需蒸发 5～6 t 水。

9.1 分解母液中各种杂质在蒸发过程中的行为

蒸发过程是热能的传递过程，因此，提高传热系数是提高蒸发器产能和降低气耗的决定性因素，而导致蒸发器传热系数降低的主要原因是加热管壁的结垢。

结垢的主要成分是碳酸钠、硫酸钠和二氧化硅。为了防止或减轻加热管的结垢，必须了解母液中的碳酸钠，硫酸钠和二氧化硅在蒸发过程中的行为。

9.1.1 碳酸钠在蒸发过程中的行为

9.1.1.1 种分母液中的碳酸钠的来源

种分母液中的碳酸钠的来源有四个途径：

(1) 原料铝土矿中的碳酸盐；

(2) 石灰中的碳酸盐；

(3) 铝酸钠溶液在流程中吸收空气中的二氧化碳而生成；

(4) 如果为联合法流程，从烧结系统来的溶液也会带入不少碳酸钠。

在生产过程中，铝酸钠溶液中的碳酸钠浓度是通过上述四种方式逐渐积累增大的。

9.1.1.2　碳酸钠在铝酸钠溶液中的特性

碳酸钠在铝酸钠溶液中有如下特性：

(1) 碳酸钠在铝酸钠溶液中的饱和溶解度是随着苛性碱浓度的升高而降低的；

(2) 碳酸钠在铝酸钠溶液中的饱和溶解度随着温度升高而增大。

9.1.1.3　碳酸钠在蒸发过程中的行为

随着蒸发的进行，溶液苛性碱浓度在不断的升高，到一定程度就会有碳酸钠结晶析出，如果温度低，析出会更多。这其中就有一部分会在蒸发器加热表面上形成结垢，降低热能传递，导致蒸发效率的降低。

9.1.2　硫酸钠在蒸发过程中的行为

9.1.2.1　种分母液中的硫酸钠的来源

种分母液中的硫酸钠的来源有两个途径：

(1) 铝土矿中的含硫矿物(如黄铁矿)与苛性碱反应进入流程；

(2) 如果为联合法流程，种分母液的硫酸钠则主要由烧结法溶液带入。

在生产过程中，铝酸钠溶液中的硫酸钠浓度是通过上面两种方式逐渐积累增大的。

9.1.2.2　硫酸钠在铝酸钠溶液中的特性

硫酸钠在铝酸钠溶液中有如下特性：

(1) 硫酸钠在铝酸钠溶液中的饱和溶解度是随着苛性碱浓度的升高而降低的；

(2) 硫酸钠在铝酸钠溶液中的饱和溶解度随着温度升高而增大。

9.1.2.3　硫酸钠在蒸发过程中的行为

在蒸发过程中，溶液苛性碱浓度在不断的增大，到一定程度硫酸钠就会与碳酸钠一起结晶析出，形成一种水溶性的复盐芒硝碱($2Na_2SO_4 \cdot Na_2CO_3$)结晶析出。芒硝碱还可以与碳酸钠形成固溶体，在它的平衡溶液中硫酸钠的浓度更低。从而在蒸发器加热表面上形成结垢，降低热能传递，导致蒸发效率的降低。

9.1.3　氧化硅在蒸发过程中的行为

9.1.3.1　氧化硅在铝酸钠溶液中的特性

其特性如下：

(1) 氧化硅虽在溶液中的含量是过饱和的，但在蒸发之前以铝硅酸钠结晶析出的速度很慢；

(2) 氧化硅在铝酸钠溶液中的溶解度随着溶液浓度的升高而增大，越不易析出；

(3) 氧化硅在铝酸钠溶液中溶解度随着溶液温度的升高而降低。

9.1.3.2　在蒸发过程中的行为

氧化硅在蒸发过程中，如果是高温低浓度的作业条件，则有利于铝硅酸钠结晶析出。

9.2　蒸发操作工艺

9.2.1　蒸发作业流程类型

蒸发作业流程可分为单效蒸发和多效蒸发流程。

单效蒸发流程是指溶液蒸发所产生的二次蒸汽直接冷凝不再利用于本系统中的蒸发作业。

多效蒸发流程是指溶液蒸发所产生的二次蒸汽引入另一个蒸发器的加热室作为该蒸发器的加热蒸汽的蒸发作业。

由于单效蒸发不能充分利用热能,汽耗损失大,为节约能源,在工业生产中一般均采用多效蒸发作业流程,我国氧化铝生产多采用3～5效蒸发作业流程。

在多效蒸发流程中,由于前一效的二次蒸汽被利用来作次一效的热源,所以次一效的溶液沸点,必须低于前一效溶液的沸点,否则,蒸发将无法进行。生产中是采用抽真空的办法来达到此目的的。

根据蒸发器中溶液和蒸汽的流向不同,可分为顺流、逆流和错流等三种流程。三种蒸发流程见图9-1所示。

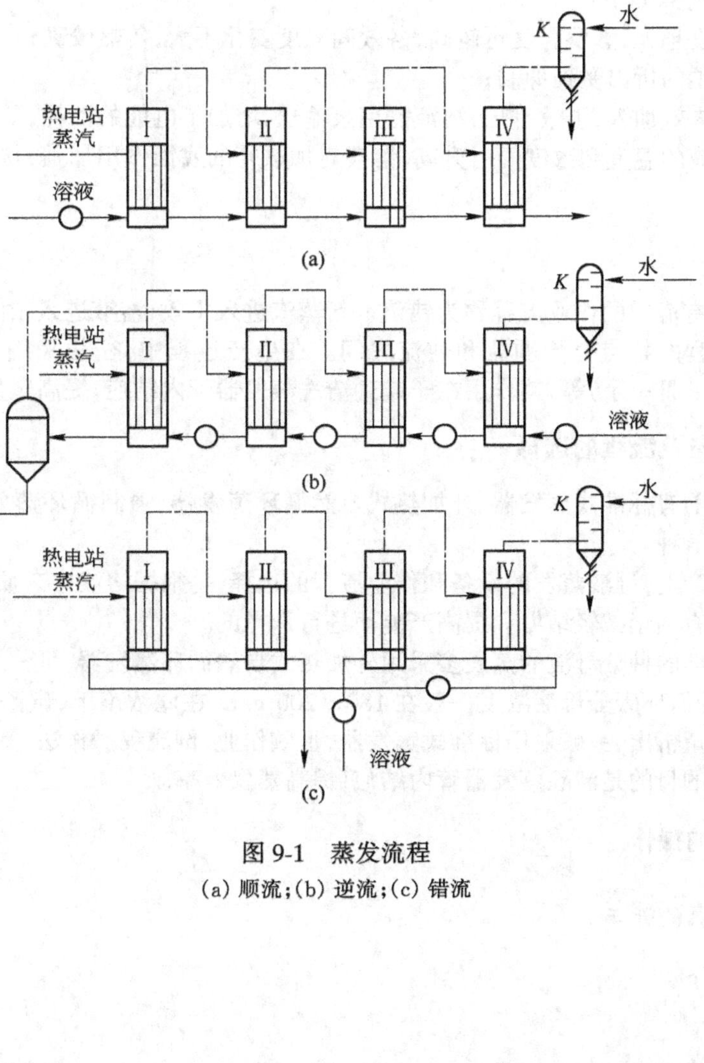

图9-1　蒸发流程

(a) 顺流;(b) 逆流;(c) 错流

9.2.1.1 顺流

现将顺流流程介绍如下：

新蒸汽从蒸发流程的Ⅰ效加入，由Ⅰ效所产生的二次蒸汽作为下一效的加热蒸汽，Ⅱ效所产生的二次蒸汽作为Ⅲ效的加热蒸汽，Ⅲ效的二次蒸汽排至水冷器。同时溶液也进入第一效，并依次进入Ⅱ、Ⅲ效蒸发器。溶液和蒸汽走向一致。

顺流作业的特点如下：

(1) 顺流作业由于后一效蒸发室内的压力较前一效的低，故可借助于压力差来完成各效溶液的输送，不需要用泵输送；

(2) 由于前一效的溶液沸点较后一效的高，所以自蒸发量较大；

(3) Ⅰ效温度高，浓度低，有利于铝硅酸钠的结晶析出。

9.2.1.2 逆流

现将逆流流程介绍如下：

溶液的流向和蒸汽的流向完全相反，即溶液从Ⅲ效加入，由Ⅰ效排出，蒸汽由Ⅰ效加入顺次流至末效。

逆流作业的特点如下：

(1) 溶液浓度越大，蒸发温度也越高，各效间黏度变化不大，传热较高；

(2) 铝硅酸钠的析出受到抑制；

(3) 溶液从末效加入，Ⅰ效排出，溶液需用泵输送，增加了电能的消耗；

(4) 由于溶液的温度和浓度同时升高，溶液对加热管的腐蚀作用加强，从而加热管的寿命受到影响。

9.2.1.3 错流

既有顺流又有流逆的作业流程称为错流。新蒸汽进入Ⅰ效，溶液进入中间效。

错流作业流程的特点介于顺流和逆流之间。在生产过程中，往往采用多种流程交替作业(Ⅲ—Ⅰ—Ⅱ；Ⅱ—Ⅲ—Ⅰ)等，其作用在于起到清洗蒸发器管内结疤，提高蒸发效率的目的。

9.2.2 蒸发设备及流程的选择

蒸发设备目前有标准式蒸发器、外加热式自然循环蒸发器、强制循环蒸发器、膜式蒸发器和绝热自蒸发器等五种。

在氧化铝生产上，母液蒸发的设备和作业流程的选择，是根据溶液中杂质含量和对循环母液浓度的要求以及有利于减轻结垢和提高产能而进行选择的。

我国氧化铝厂的种分母液的蒸发多采用外加热式自然循环蒸发器，Ⅲ～Ⅴ效作业，倒流程操作法；而烧结法的循环碳分母液浓度一般在180～200 g/L，在此浓度下，碳酸钠和硫酸钠在蒸发过程中不至于大量析出，一般采用标准式蒸发器，Ⅲ效作业，倒流程操作法。

倒流程操作的目的是清除蒸发器管内结疤，提高蒸发效率。

9.2.3 蒸发器的操作

9.2.3.1 蒸发器的开车

开车步骤如下：

(1) 开车前,详细检查蒸发器本身及附属设备,确定无问题时,才能开车;
(2) 先开启水冷器循环上水和真空泵或水喷射泵,进行提真空操作;
(3) 开启原液泵向蒸发器进料来升液面;
(4) 同时打开不凝性气体阀门和凝结水阀门,进行排水排气;
(5) 当Ⅰ效有液面后,便联系送汽单位送汽,并缓慢地提压;
(6) 待热水槽有水后开启凝结水泵;
(7) 溶液出料打循环,当浓度合格后转入正常出料。

9.2.3.2 蒸发器的停车

停车步骤如下:
(1) 将凝结水改排入不合格回水槽;
(2) 停止进料,并联系供汽单位,缓慢降压;
(3) 再停真空泵和循环上水;
(4) 蒸发器内,合格的料按出料处理,不合格的料返回原液槽;
(5) 料出净后,加水煮罐,根据实际情况进行清理工作。

9.2.3.3 正常运行时的操作

A 使用汽压的控制

使用汽压愈高,有效温差愈大,蒸发效率也就愈高。但生产上使用汽压的提高是有限制的,因为提高使用汽压可能会产生两种后果:一种结果是总真空度不变,提高使用汽压,结果总温差增大,有利于蒸发效率的提高;另一种结果是生产上真空度的提高是有限制的,过度提高使用汽压会引起总真空度下降,使总温差减小,结果使蒸发效率反而降低。所以在真空度一定时,要对使用汽压进行控制,要保持在一规定值以下。

在蒸发过程中,汽室压力随溶液浓度(沸点增加)不断地增加而自动地上升,当各效的溶液浓度控制在一定值时,汽室压力便不再升高。但当结疤严重时,温差小,传热速度慢,汽室压力又会逐渐地自动上升到某一规定值。此时应停车洗蒸发器管壁。

在操作中稳定汽压十分重要,若汽压不稳定,波动太大,将导致蒸发器组的操作紊乱,甚至引起影响生产的重大事故等。

所以,操作者要勤观察汽室压力,出现波动要及时处理。

B 真空的调节

在多效真空蒸发时,系统中保持一定的真空,其目的在于降低溶液的沸点,以保持一定的有效温差,并使二次蒸汽充分地利用和顺利地排除。

蒸发器组的总温差,取决于第Ⅰ效的新蒸汽压力和末效的真空度。当使用汽压一定时,真空度越高,总温差也就越大。但由于设备的原因,真空度的提高是有限制的,故真空度一般在 $8.0\times10^4 \sim 8.8\times10^4$ Pa。

稳定真空度是蒸发器组操作的主要内容之一。真空的波动势必影响到其他技术条件的变化,会引起汽压波动、液面波动等,使整个蒸发器组的热平衡受到破坏,导致蒸发效率的降低、跑碱等不良后果。

C 液面的控制

蒸发器的液面一般控制在第一目镜的1/2处。保持操作液面是蒸发器组正常运转的标志。

因为液面过高,液柱静压增加,不仅影响蒸发效率,而且易造成跑碱事故,液面过低,溶液的沸腾猛烈,又易造成雾沫夹带严重。

对液面的控制是用进、出料量来进行调节。某效液面的波动必将影响其他各效的液面。因此,当调节某一效液面时,应注意其他各效液面的变化。

D 浓度的控制

蒸发母液浓度主要是根据生产上的要求而定。因此,蒸发母液浓度必须控制在工艺要求范围之内,以满足生产。

我国氧化铝厂种分母液的蒸发浓度为 Na_2O_k:250~300 g/L;碳分母液的蒸发浓度为 Na_2O_T:170~200 g/L。

出料浓度采用调节使用汽压和调整进、出料量来控制。

E 水冷器温度的控制

水冷器出口水温的高低,直接影响蒸发器的真空度。出口水温高,蒸发器的真空度下降,蒸发效率低。

通过调节上下水的水量和上水的温度来控制水冷器温度。

F 凝结水及不凝性气体的排除

在蒸发过程中,加热蒸汽放出潜热冷凝成水。凝结水若不及时排除,存积在加热室内,不仅影响传热,而且易发生由于汽、水冲击而产生强烈的振动,影响蒸发的正常进行。

在生产过程中,带入加热室内的不凝性气体是不良导体,在加热室内占了部分的加热面而影响传热,因此,必须及时地排除。

从上述各技术条件的控制和调节可以看出,各项技术条件的稳定操作是特别重要的,是正常作业的根本保证。因此,在操作时做到五稳定(即汽压、真空、液面、浓度和出口水温度的稳定)是蒸发器组操作的关键。在生产过程中,各项技术条件是相互关联的,在操作中对某一条件进行调节时必须考虑到其他条件的变化。

9.2.4 蒸发器组技术条件及指标控制

9.2.4.1 种分母液的蒸发

(1) 新蒸汽使用压力一般为 0.35~0.5 MPa;

(2) 末效真空度不低于 8.0×10^4 Pa;

(3) 循环上水温度:冬季不高于 28℃,夏季不高于 35℃;下水温度不高于 60℃;

(4) 新蒸汽的凝结水含碱量不大于 0.01 g/L,二次蒸汽凝结水含碱量不大于 0.03 g/L;

(5) 水冷器循环上、下水含碱差不大于 0.05 g/L;

(6) Ⅰ、Ⅱ效液面控制在第一目镜的 1/2 处,沸腾液面不得超过第三目镜,末效看到沸腾液面即可;

(7) 蒸发母液苛性碱浓度控制在 250~300 g/L。

9.2.4.2 碳分母液的蒸发

(1) 新蒸汽使用压力一般为 343 kPa;

(2) 末效真空度不低于 80 kPa;

(3) 循环上水温度:冬季不高于 28℃,夏季不高于 35℃;下水温度不高于 55℃;

(4) 新蒸汽的凝结水含碱量不大于0.01 g/L,二次蒸汽凝结水含碱量不大于0.03 g/L;
(5) 水冷器循环上、下水含碱差不大于0.05 g/L;
(6) 各效液面控制在第一目镜的1/2处,沸腾液面不得超过第三目镜;
(7) 蒸发母液全碱浓度控制在170～200 g/L。
不同氧化铝厂控制的指标不完全相同。

9.2.5 蒸发器常见故障的发生原因与处理方法

9.2.5.1 蒸发器跑碱

蒸发器跑碱是蒸发过程中出现的主要故障,表现为凝结水含碱。
故障发生原因如下:
(1) 蒸发的气体雾沫夹带严重;
(2) 加热管泄漏;
(3) 泵停或输料管堵塞。
故障判断方法如下:
(1) 液面过高导致真空度急剧波动或液面过低导致溶液剧烈沸腾,则可判断为雾沫夹带;
(2) 新蒸汽凝结水带碱、蒸发器振动、新蒸汽凝结水有时带碱或有时不带碱,则可判断为加热管泄漏;
(3) 该效液面过高和后一效液面降低则可判断为泵停或输料管堵塞。
故障处理方法如下:
出现跑碱,立即将被污染的凝结水改排至排污管进入不合格水槽,然后找出原因进行处理。
(1) 如果是雾沫夹带,则调节真空度和汽压,稳定液面;
(2) 如果是加热管泄漏,则停车打压,查出漏管,并把漏管两头堵死;
(3) 如果是泵停或输料管堵塞,则停车检修。

9.2.5.2 真空度突然降低

故障发生原因如下:
(1) 真空泵不正常或突然跳闸;
(2) 水冷器的循环上水不足或突然停水;
(3) 使用汽压突然升高,或机组出现漏真空;
(4) 凝结水泵出问题,汽室积水过多等。
故障处理方法如下:
(1) 检查真空泵的运行,如果不正常,停车处理;
(2) 检查循环上水,如果不正常,通知相应岗位尽快解决;
(3) 检查新蒸汽的汽压,如果不正常,通知相应岗位尽快解决;
(4) 检查凝结水泵的运行,如果不正常,停车处理;
(5) 如果上述情况都正常,则停车打压机组找机组的漏气处。

9.2.5.3 蒸发器液面过高

故障发生原因如下:
(1) 管道漏真空;

(2) 导料泵运行不正常；
(3) 管道堵塞；
(4) 使用汽压和蒸发室真空度波动。
故障处理方法如下：
(1) 调整管道,检修漏的管道；
(2) 检修导料泵；
(3) 调整管道,用高压水冲洗堵塞的管道；
(4) 稳定使用汽压和真空。

9.2.5.4　蒸发器振动

故障发生原因如下：
(1) 加热管泄漏；
(2) 凝结水排不出；
(3) 蒸发器液面过低；
(4) 汽室积水。
故障处理方法如下：
(1) 停车后打压堵漏；
(2) 检查凝结水管道是否堵塞；
(3) 调整液面；
(4) 开大汽室凝结水出口阀门。

9.2.5.5　突然停电

突然停电后,应打开放汽阀进行放汽,并通知锅炉岗位停汽,关闭各效进、出口阀门。

9.3　蒸发器结垢的清理

蒸发器结垢的成分和危害在前面已经说明。本节介绍结垢的清理。

对蒸发器加热表面上已经形成的结垢,为了保持蒸发器具有良好的传热性能和较高的产能,对结垢必须及时进行清除。清除的方法可根据结垢的化学组成和性质,采用不同的方法进行。

蒸发器的结垢分为易溶性和难溶性两种。碳酸钠和硫酸钠的结垢属于易溶性的,均能溶于水。铝硅酸钠的结垢属于难溶性的,不溶于水,且质地坚硬。

9.3.1　易溶性结垢的清理

9.3.1.1　倒流程

倒流程清除结垢的方法,实质上是原液煮罐法。在生产过程中,如原作业流程为(Ⅲ—Ⅰ—Ⅱ),经过一段时间生产后倒为(Ⅱ—Ⅲ—Ⅰ)流程,这样每隔一定时间就倒一次的方法就称为倒流程。倒流程能起到洗罐的作用,因为在多效蒸发作业中,各效的溶液浓度不一样,进料效浓度低不易结垢,出料效浓度高易结垢。当结垢达到一定程度时,进行倒流程,使出料效改成进料效,由于进来的溶液浓度低,不但不结垢,反而能将结垢溶解从而起到消除结垢的目的。这样在生产过程中进行,既生产又洗罐,方法简便,效果良好,是一种很好的除垢方法。

9.3.1.2 水煮

倒流程能起到清除结垢的作用,但不够彻底,因此,在生产一定时间后结垢严重时,需要用水彻底煮一次,标准蒸发器水煮时间2~4 h,外加热式自然循环蒸发器水煮时间4~6 h。此法操作比较简单,除垢比较彻底。但需要开、停车操作和煮罐时间,因而降低了设备运转率,热损失较大。

9.3.1.3 通死眼

在生产过程中,由于结垢严重,有的加热管被大量的结晶或是其他固体物质堵塞成为死眼。在水煮时又未能煮化,因此需要进行通死眼。

通死眼的方法,是先将蒸发器进行水热,然后将水放掉,打开人孔进行冷却。再用比加热管稍小的胶皮管一端接上水源(一般是用具有一定温度的凝结水),另一端缚上缩口钢管,插入加热管内进行冲击和溶化结垢,直至通开。

此法劳动强度较大,工作条件较差。

9.3.2 难溶性结垢的清除

生产上常采用硫酸法和高压水冲击法清除难溶性结垢。

硫酸法的原理是硫酸与形成结垢的铝硅酸钠反应,生成可溶性的硫酸钠,从而破坏铝硅酸钠的结构,使结垢松软,并使之脱落而达到除垢的目的。操作方法为:用6%~8%的稀硫酸并加入缓蚀剂1%~2%配成的硫酸洗液对蒸发器进行6~8 h的冷洗,则可将难溶性结垢清除。

高压水冲击法是用压力为30~50 MPa的高压水清除结垢,尤其适合于加热管壁的个别清除。

除了上述常用的几种清除结垢方法外,还有机械除垢法和碱法除垢法等方法。目前,不同氧化铝厂采用的除结垢的方法不尽相同。

9.4 苏打的苛化

用拜耳法生产氧化铝时,循环母液中的苛性碱每循环一次大约有3%左右被反苛化为碳酸碱,这些碳酸碱在蒸发过程中以一水碳酸钠形式结晶析出,从而造成苛性碱损耗。为了减少苛性碱消耗,单独的拜耳法生产氧化铝厂需要将析出的碳酸钠进行苛化处理,以回收苛性碱。

拜耳法的一水碳酸钠的苛化,是采用石灰苛化法:即将一水碳酸钠溶解,然后加入石灰乳进行苛化,其苛化反应:

$$Na_2CO_3 + Ca(OH)_2 \rightleftharpoons 2NaOH + CaCO_3$$

Na_2CO_3 转变为 NaOH 的转化率(即苛化率),要求越高越好。但欲获得高的苛化率,苛化反应必须是在溶液中 Na_2CO_3 浓度较低的条件下进行。原始溶液中 Na_2CO_3 浓度与达到平衡后的苛化率的关系如表9-1。

表9-1 Na_2CO_3 浓度与苛化率的关系

溶液中 Na_2CO_3 浓度/%	4.8	9.0	10.3	13.2	15.0	18.8
苛化率/%	99.1	97.2	95.0	93.7	91.2	84.8

上表表明,在原始溶液中碳酸钠含量愈高,苛化效率愈低。亦即在苛性化后溶液中苛性钠相对含量愈少。

随温度升高,平衡常数 K 因氢氧化钙溶解度降低而减小,因而苛化率将降低。但实际上,苛化过程是在较高温度100℃左右的条件下进行的。这样虽然苛化效率有所降低，但化学反应速度增加了；另一方面溶液黏度降低，改善了 $CaCO_3$ 沉淀的结晶，其沉降速度增大，易于分离。

苛化流程为：先将补充的碱粉用热水溶化，碱水与蒸发后所析出的结晶碱 $Na_2CO_3 \cdot H_2O$ 一起送化灰机与石灰一同消化，消化后送苛化桶苛化，苛化浆液沉降分离，溢流液送蒸发器蒸浓，使浓度满足生产要求。苛化渣浆经过滤，滤渣送往赤泥沉降洗涤系统，滤液返回苛化浆澄清桶。一水碳酸钠的苛化流程见图9-2所示。

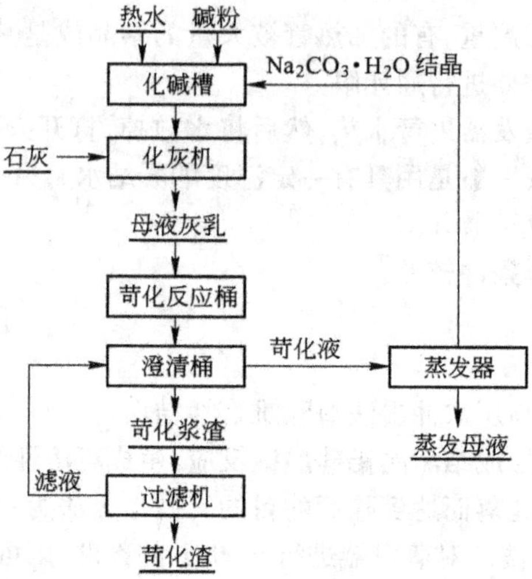

图9-2　一水碳酸钠苛化流程

一水碳酸钠苛化技术条件如下：

(1) CaO添加量[CaO]/[Na_2O]＝0.95～1.05；

(2) 苛化原液 Na_2O_T 浓度 140±10 g/L；

(3) 苛化液 Na_2O_T 浓度 90～95 g/L；

(4) 苛化温度高于90～95℃；

(5) 苛化时间大于1 h；

(6) 溢流苛化液浮游物浓度不大于1.0 g/L；

(7) 苛化渣过滤饼含水率小于45%；

(8) 苛化效率大于80%。

我国大多数氧化铝厂目前采用的流程为混联法，拜耳法系统的种分母液蒸发析出的一水碳酸钠进入烧结法系统使用，因此，无需单独苛化。

复习思考题

9-1　母液蒸发在氧化铝生产中有何重要作用？

9-2　母液蒸发有哪三种作业流程，各有什么优缺点？

10 碱-石灰烧结法的原理和基本流程

10.1 碱-石灰烧结法的原理

拜耳法生产氧化铝时，铝土矿中的氧化硅是以含水铝硅酸钠的形式与氧化铝分离的，如果铝硅比越低，则有用成分氧化铝和氧化钠就会损失越多，经济指标会大大恶化，所以，拜耳法生产氧化铝流程只适合处理铝硅比高于 7 的铝土矿，而碱-石灰烧结法则能处理铝硅比低的铝土矿。

碱-石灰烧结法的原理是由碱、石灰和铝土矿组成的炉料经过烧结，使炉料中的氧化铝转变为易溶的铝酸钠，氧化铁转变为易水解的铁酸钠，氧化硅转变为不溶的原硅酸钙。

$$Al_2O_3 + Na_2CO_3 = Na_2O \cdot Al_2O_3 + CO_2$$

$$SiO_2 + 2CaO = 2CaO \cdot SiO_2$$

$$Fe_2O_3 + Na_2CO_3 = Na_2O \cdot Fe_2O_3 + CO_2$$

由这三种化合物组成的熟料在用稀碱溶液溶出时，固相铝酸钠溶于溶液：

$$Na_2O \cdot Al_2O_3 + aq = 2NaAl(OH)_4 + aq$$

铁酸钠水解为氢氧化钠和氧化铁水合物：

$$Na_2O \cdot Fe_2O_3 + aq = 2NaOH + Fe_2O_3 \cdot H_2O(\downarrow) + aq$$

原硅酸钙不同溶液反应，全部转入赤泥，从而达到制备铝酸钠溶液，并使有害杂质氧化硅、氧化铁与有用成分氧化铝分离的目的。得到的铝酸钠溶液经净化处理后，通入二氧化碳气体进行碳酸化分解，得到晶体氢氧化铝，而碳分母液的主要成分是碳酸钠，可以循环返回再用来配料。

碱-石灰烧结法可以处理铝硅比低的铝土矿，但铝硅比如果低于 3，则会使物料流量增加，烧结和溶出过程困难，经济和技术指标大大恶化，所以目前碱-石灰烧结法处理铝土矿的铝硅比要大于 3。

10.2 碱-石灰烧结法的基本流程

我国的碱-石灰烧结法的基本流程见图 10-1 所示。

为保证熟料中生成预期的化合物，除铝矿石、石灰等固体物需在球磨机细磨使生料浆达到一定细度外，还需控制各种物料的配入量，并对生料浆进行多次调配以确保生料浆中各氧化物的配入比例和有适宜的水分量。

烧结过程是在回转窑内进行的。调配好的生料浆用高压泥浆泵经料枪以高压打入窑内，在向窑前移动的过程中被窑内的热气流烘干，加热至反应温度，并在 1200～1300℃ 的高温下完成烧结过程，得到化学成分和物理性能合格的熟料。

熟料经破碎后，用稀碱溶液在球磨机内进行粉碎湿磨溶出，使有用成分 Na_2O 和 Al_2O_3 转变为铝酸钠溶液，而原硅酸钙和氧化铁形成固相赤泥，经过沉降分离，得到铝酸钠溶液，从而达到有用成分与有害杂质分离的目的。分离后的赤泥需经过热水充分洗涤后才能排弃，目的是回收赤泥附液中的 Na_2O 和 Al_2O_3。

在熟料溶出时，由于原硅酸钙的二次反应使铝酸钠溶液的 SiO_2 含量过高（达到 4～6g/L），这

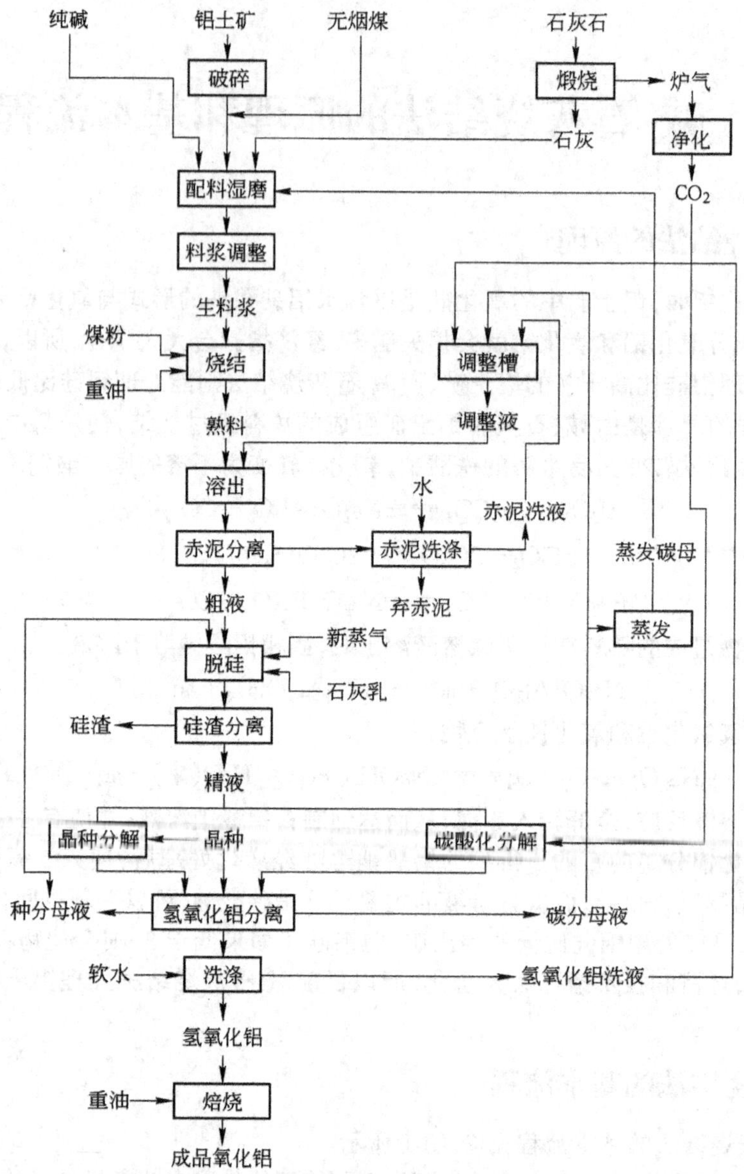

图 10-1　碱-石灰烧结法的基本流程

种溶液(粗液)是不能进行碳酸化分解的,必须经过专门的脱硅工序进行脱硅。使 SiO_2 含量降至 0.2 g/L 以下。经过脱硅处理并叶滤所得到的溶液叫做精液。而硅渣含有相当数量的 Na_2O 和 Al_2O_3,要返回配料进行回收。

铝酸钠精液用烧结窑窑气或石灰炉炉气进行碳酸化分解。分解率一般控制在 85%～90%。分解析出的氢氧化铝用软水充分洗涤后,送去煅烧。碳分母液经蒸发浓缩至一定浓度,返回配制生料浆。

我国碱石灰烧结法工艺流程的特点是：

(1) 用石灰代替石灰石配料,用高浓度的石灰炉炉气(CO_2 含量 38%～40%)代替烧结窑气(CO_2 含量 10%～12%)来进行碳酸化分解;

(2) 采用生料加煤脱硫；
(3) 粗液加石灰乳深度脱硅；
(4) 铝酸钠溶液碳分、种分并联分解；
(5) 熟料溶出采用低苛性比值、高碳酸钠浓度二段湿磨溶出；
(6) 生料浆采用低碱、高钙配方。

复习思考题

10-1 叙述碱-石灰烧结法生产氧化铝的基本原理，此法包括哪些主要生产工序？

11　生料浆的制备

生料浆是将铝矿石配入石灰、纯碱、硅渣并加入蒸发后的碳分母液通过湿磨制成的，是为进行烧结而制备的料浆。为使后续工序生产指标达到要求，要求生料浆达到：1）参与化学反应的物料要有一定的细度；2）参与化学反应物之间要有一定的配比；3）参与化学反应物之间要混合均匀。因此，生料浆的制备也要经过铝矿石破碎、配矿、入磨配料、湿磨、料浆调整等几道工序才能完成。

生料浆的制备过程中的铝矿石破碎、配矿工艺及配矿计算与拜耳法一样，本章不再叙述。

11.1　烧结法生产氧化铝的原料要求

烧结法生产氧化铝对原料要求是：

(1) 铝土矿：Al_2O_3 含量不低于60%，$A/S>3.5$；

(2) 纯碱：Na_2CO_3 含量不低于98%，Na_2SO_4 含量不高于0.1%；

(3) 石灰：CaO 含量不低于85%。

11.2　生料浆的配制

生料浆是为进行烧结而制备的料浆。为保证炉料中各组分在烧结时能生成预期的化合物，使烧结、溶出及赤泥沉降能顺利进行并且各项经济技术指标能达到要求，因此要求各组分间必须严格地保持一定的配合比例，所以要配料。

11.2.1　配料指标

生料浆的配料指标有碱比、钙比、铝硅比、铁铝比、水分、固定碳含量和细度等七项。

11.2.1.1　碱比

碱比是指生料浆中氧化钠的物质的量与氧化铝及氧化铁的物质的量之和的比值。

$$\text{碱比}=\frac{[N]}{[A]+[F]}+K_1=\frac{[N]}{[R]}+K_1$$

式中　$[N]$——生料浆中 Na_2O 的量，mol；

$[A]$——生料浆中 Al_2O_3 的量，mol；

$[F]$——生料浆中 Fe_2O_3 的量，mol；

$[R]$——生料浆中 Al_2O_3 和 Fe_2O_3 的量之和，mol；

K_1——煤的灰分中氧化铝、氧化铁及其他因素对碱比的校正值，约为0.03～0.05。

氧化铁与氧化钠生成的铁酸钠会在溶出时水解，氧化铁水合物进入赤泥，而留在溶液中的苛性氧化钠正好满足了溶出的铝酸钠溶液对苛性比值的要求。

11.2.1.2　钙比

钙比是指生料浆中氧化钙与氧化硅的物质的量之比。

$$钙比=\frac{[C]}{[S]}+K_2$$

式中 $[C]$——生料浆中 CaO 的量；

$[S]$——生料浆中 SiO_2 的量；

K_2——煤的灰分中氧化硅及其他因素对碱比的校正值，约为 0.02。

11.2.1.3 铝硅比

铝硅比是指生料浆中氧化铝与氧化硅的质量比。

11.2.1.4 钠铝比

钠铝比是指生料浆中氧化钠与氧化铝的物质的量之比。

11.2.1.5 铁铝比

铁铝比是指生料浆中氧化铁与氧化铝的物质的量之比。

11.2.1.6 固定碳含量

固定碳含量是指生料浆中干料含有固定碳的百分数，是由配料过程所加入的无烟煤所得到的。

生产上把按化学反应所需理论量计算出的碱比和钙比进行配料的配方，习惯地称为饱和配方或正碱正钙配方。此时，碱比等于 1.0；钙比等于 2.0。

生产上把不按饱和配方进行配料的配方统称为非饱和配方。非饱和配方中，$[N]/([A]+[F])<1.0$ 的配方叫作低碱配方；$[C]/[S]>2.0$ 的配方叫作高钙配方；$[C]/[S]<2.0$ 的配方叫作低钙配方。

生产上采用饱和配方进行配料进行烧结得不到合格的熟料，在生料加煤烧结时，部分 Fe_2O_3 会被还原为 FeS 和 FeO，不消耗 Na_2O，另外铝土矿中的氧化钛在烧结时也会消耗部分氧化钙，所以一般采用低碱高钙配方，即 $[N]/([A]+[F])=0.94\pm0.01$，$[C]/[S]=2.00\pm0.02$，其中保证钠铝比不低于 1.0。

11.2.2 生料浆的配制操作

生料浆的配制操作采用三段配料和三次调配法进行。生料浆的配制流程见图 11-1 所示。

11.2.2.1 三段配料

一段配料：根据矿石成分，将破碎好的不同铝硅比的矿石按一定比例在矿槽内混合，同时按要求配入适量的白煤。主配铝硅比、铁铝比和固定碳含量三项指标。

二段配料：配料转盘根据配料单及料浆调整槽的要求，将混合矿、石灰和碱粉和硅渣（如果是联合法，还要配入拜耳法赤泥浆）按一定比例与循环母液送入球磨机进行湿磨。主配氧化钠、石灰、水分和细度。

三段配料：是在料浆槽中进行，又分为三次调配。根据配料顺序，把料浆槽分为 A、B、K 三组，各组都有若干个槽。主配碱比和钙比。

11.2.2.2 三次调配

一次调配：磨出来的料浆在缓冲槽与硅渣浆混合后送往各空 A 槽，在 A 槽取样分析料浆中

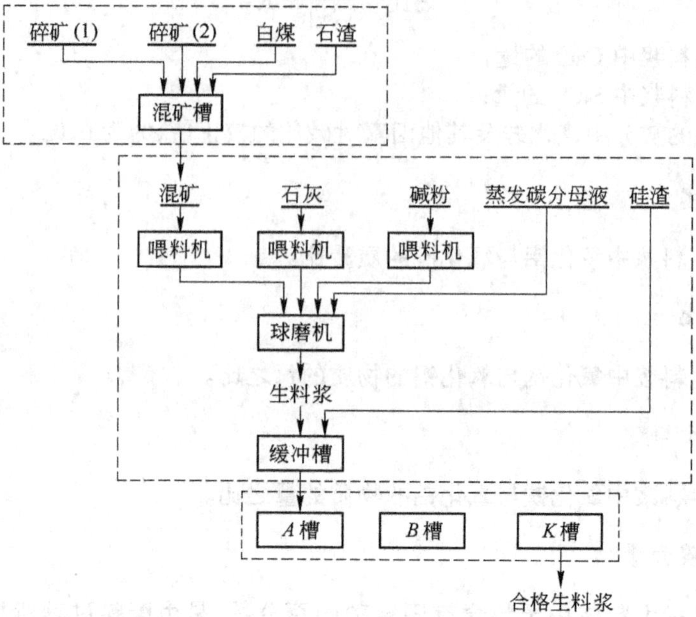

图 11-1　生料浆的配制流程

氧化钙、氧化钠、水分和细度，根据成分变化，通知磨机调整各物料的下料比例。

二次调配：根据需要的成分，挑出一批 A 槽，使这些 A 槽的平均氧化钠和氧化钙的含量达到合格，将这些 A 槽的料浆混合后倒入各空 B 槽，在 B 槽取样分析料浆中氧化钙、氧化钠、氧化硅、氧化铁、氧化铝、水分和细度，作全分析。准确算出每个 B 槽的碱比、钙比和铝硅比。

三次调配：根据料浆配比的要求，选出一批 B 槽，将平均碱比和钙比合格的料浆，混合均匀倒入 K 槽等待使用。

11.2.3　生料浆的技术指标要求

(1) 碱比：$[N]/([A]+[F])=0.94\pm0.01$；
(2) 钙比：$[C]/[S]=2.00\pm0.02$；
(3) 铝硅比：2.8～3.2；
(4) 水分：入窑生料浆水分应小于 40%；
(5) 细度：料浆细度 120 号筛残留应小于 14.5%；
(6) 固定碳含量：3.4%±0.4%；
(7) 铁铝比：0.08～0.12。

11.3　石灰的煅烧

11.3.1　石灰煅烧工序的主要任务及生产流程

石灰煅烧工序在氧化铝生产中的主要任务是给配料提供质量好的石灰，给碳酸化分解提供高浓度的二氧化碳气体。

虽然石灰石和熟料烧结窑气也能满足生产要求，但是存在以下缺点：

(1) 石灰石在烧结窑内的分解会吸收大量的热能，增加了窑内的热负荷，降低窑产能；

(2) 石灰石在烧结窑内的吸热分解的热能利用率低；

(3) 石灰石可磨性较石灰差，湿磨时会降低磨机产能；

(4) 窑气的 CO_2 浓度低(10%～12%)，并且杂质含量高，对设备的利用率和氧化铝产品质量不利。

反之，在流程中加入石灰煅烧工序，采用煅烧好的石灰配料以及产生的炉气进行碳酸化分解则有以下优点：

(1) 石灰石在烧结窑内不再分解，就不会在窑内吸收大量的热能，减少了窑内的热负荷，增加窑产能；

(2) 石灰石在石灰炉内进行吸热分解的热能利用率高，降低了能耗；

(3) 石灰可磨性好，湿磨时遇水会自动粉碎，会提高磨机产能；

(4) 石灰炉气的 CO_2 浓度高(38%～40%)，并且杂质含量低，从而使气体净化及输送设备减少，设备利用率和氧化铝产品质量提高。

石灰煅烧工序生产流程见图 11-2。

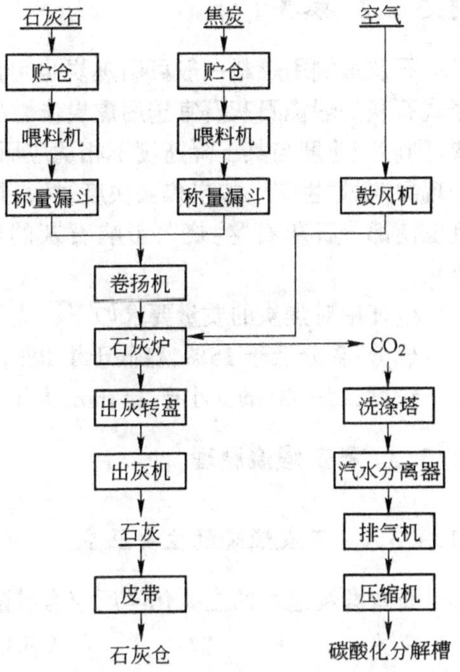

图 11-2　石灰煅烧生产流程

氧化铝厂石灰煅烧一般采用机械化竖式石灰炉微正压操作法煅烧石灰。根据 $CaCO_3$ 分解的吸热，以及炉体的散热等所需的热量，焦炭与石灰石按配比组成混合炉料，通过布料工艺，均匀的撒入炉内。助燃氧(空气)由鼓风机通过炉底风帽均匀送入炉内，按石灰石的煅烧过程在炉内完成。含有较高浓度 CO_2 气的炉气通过洗涤塔净化后由压缩机及时抽走送到碳酸化分解槽。煅烧好的石灰通过出灰转盘由出灰机卸出。

对从石灰炉产出的石灰和炉气的质量要求是：1) CO_2 浓度高于 38%；2) 石灰中 CaO 含量越高越好，一般不低于 90%。

11.3.2　石灰煅烧的原料与燃料

11.3.2.1　*原料石灰石*

生产石灰的主要原料是石灰石。石灰石的主要化学成分是 $CaCO_3$，所含杂质有 Al_2O_3、MgO、SiO_2、Fe_2O_3 等。

在煅烧过程中，杂质含量过多则往往会生成熔结物(即结瘤)，从而破坏正常的煅烧制度，降低石灰的质量。

石灰石含的水分对石灰质量没有影响，但将增加燃料的消耗量和降低二氧化碳的浓度。

石灰石的块度对煅烧过程有影响，块度大，煅烧速度慢，且不易烧透；块度小，煅烧速度快，煅烧易完全，但不能过小否则通风不好。

生产上对石灰石的质量要求如下：

化学成分：$w(CaO)>52\%$，$w(MgO)<1.5\%$，$w(SiO_2)<2.0\%$。

粒度：40～100 mm(小于 40 mm，大于 100 mm 的不超过 5%)。

11.3.2.2　燃料

石灰煅烧用燃料一般可用焦炭也可用白煤,选用何种燃料取决于燃料的资源与供应情况。竖式石灰炉煅烧石灰石宜选用焦炭作燃料。焦炭粒度对于石灰煅烧关系较大,小块焦炭燃烧得快,则燃烧速度与其下降速度不相适应而造成过早燃尽,从而使石灰石分解不完全,生产上把这种现象叫做"生烧";如果焦炭块度过大,则会燃烧不完全而与石灰一起卸出,给磨矿增加负担,而且也使部分石灰石"生烧",影响石灰的质量。因此在入炉前必须经过筛选,选取粒度合格的焦炭。

生产中对焦炭的质量要求如下:

成分:灰分低于15%,硫低于1.0%,挥发分低于3.0%,固定碳高于78%。

粒度:15～40 mm(小于15 mm,大于40 mm的不应超过5%)。

11.3.3　石灰煅烧原理

11.3.3.1　石灰煅烧的主要反应

石灰煅烧过程的主要化学反应有碳酸钙的分解反应和碳的燃烧反应:

$$CaCO_3 \longrightarrow CaO + CO_2\uparrow$$

$$C + O_2 \longrightarrow CO_2\uparrow$$

碳酸钙的分解反应是一个吸热反应,碳酸钙的分解反应温度在标准状态下为898℃,但此时的分解速度很慢。碳酸钙的分解速度主要取决于煅烧温度和 CO_2 的分压。提高煅烧温度会使分解速度加快,所以在石灰煅烧时,实际的控制温度在1050～1250℃。但是,由于煅烧温度越高,产生的 CO_2 分压也越大,如果不进行处理,就会抑制分解反应的进行,因此必须用排气机不断地将炉顶的 CO_2 气体排出,使炉顶 CO_2 分压降低,加速碳酸钙的分解。

11.3.3.2　石灰煅烧的次要反应

石灰煅烧过程的次要化学反应是石灰石所含杂质 SiO_2、Al_2O_3、Fe_2O_3、$MgCO_3$ 等与 CaO 发生的反应:

$$SiO_2 + 2CaO \longrightarrow 2CaO\cdot SiO_2$$

$$Al_2O_3 + xCaO \longrightarrow xCaO\cdot Al_2O_3$$

$$Fe_2O_3 + xCaO \longrightarrow xCaO\cdot Fe_2O_3$$

$$MgCO_3 \longrightarrow MgO + CO_2$$

生成的硅酸钙、铝酸钙和铁酸钙在石灰煅烧温度下易于熔化,则会形成不同颜色的瘤块。而 $MgCO_3$ 的分解温度低于 $CaCO_3$ 的分解温度,如果石灰石中镁的含量大,就会影响石灰煅烧温度的稳定。石灰石、石灰及瘤块的成分如表11-1所示。

表11-1　石灰石、石灰及瘤块的成分

物料名称	成分/%				
	SiO_2	Fe_2O_3	Al_2O_3	MgO	CaO
石灰石	0.47	0.26	0.26	0.06	55.65
石　灰	0.90	1.90	1.90	0.09	93.06

续表 11-1

物料名称	成分/%				
	SiO_2	Fe_2O_3	Al_2O_3	MgO	CaO
带绿色石灰	4.56	0.67	1.80	0.10	
带黑色石灰	1.0	0.59	4.90		
带褐色石灰	4.80	0.50	4.43		
瘤块熔体	6.24	0.66	9.85		
	1.85	0.81	6.07		
	5.46	0.88	3.42		

瘤块的形成会破坏正常的燃烧制度,并降低石灰的质量。

11.3.4 影响石灰煅烧的因素

11.3.4.1 石灰石质量的影响

石灰石杂质含量过高,会导致烧成的石灰带有颜色及瘤块,也可能导致煅烧温度不稳定。具体见 11.3.3.2 的内容。

11.3.4.2 石灰石块度的影响

石灰石块度的大小是影响煅烧速度的重要因素。石灰石块度大,煅烧速度慢,并且不易烧透;石灰石块度小,煅烧速度快,煅烧易完全。

11.3.4.3 石灰石在石灰炉内停留时间的影响

石灰石在炉内的停留必须保证有足够的时间,使石灰石分解完全。

当石灰石块度一致时,停留时间的长短与煅烧温度的高低成反比例关系。温度越高,停留时间越短。

当煅烧温度相同时,石灰石的块度大,停留时间则应长;否则相反。

11.3.4.4 空气配量的影响

空气配量不足,会导致燃烧不完全。

空气配量过多,会导致以下情况的发生:

(1) 废气增加,降低炉气中 CO_2 的浓度。

(2) 炉气带走的热量增加,降低煅烧区的温度。为提高温度,势必增大燃料的消耗量。

(3) 如果空气过量很大时,煅烧区的温度会降低到不能维持 $CaCO_3$ 分解反应的进行。

11.3.4.5 焦比的影响

焦比分为干焦比和湿焦比。干焦比是指配入的干焦炭与石灰石的重量百分比。湿焦比是指配入的湿焦炭与石灰石的重量百分比。生产中以此来表示燃料的配入量。通常氧化铝厂石灰煅烧时的焦比是指湿焦比。干焦比与湿焦比的换算公式如下:

湿焦比 = 干焦比/(1 - 焦炭中水分含量)

焦比的高低会直接影响石灰的煅烧制度和石灰的质量。

焦比过高：

(1) 易产生过烧现象，炉内易结瘤；

(2) 产出的石灰不易消化。

焦比太低，则会导致炉温低，石灰石分解不完全的现象。

所以，确定合适的焦比大小，是石灰煅烧过程一项很重要的技术条件。

燃料的理论配入量是按 $CaCO_3$ 的分解热效应来计算的。1 kg $CaCO_3$ 的分解需要吸热 1779 kJ，折算成标准燃料（标准燃料热值 29308 kJ/kg）0.06 kg，即燃料的理论配入量按每煅烧 1 t 石灰石即配入焦炭 60 kg 来考虑，即干焦比为 6.0%。但实际上由于炉气以及石灰带走部分热量，炉壁还需散热等，所以实际焦比要比理论值高，一般干焦比为 6.7%～6.9%。

11.3.5　石灰煅烧的实践

11.3.5.1　*石灰炉内的物理化学变化*

图 11-3 为竖式石灰炉的示意图。

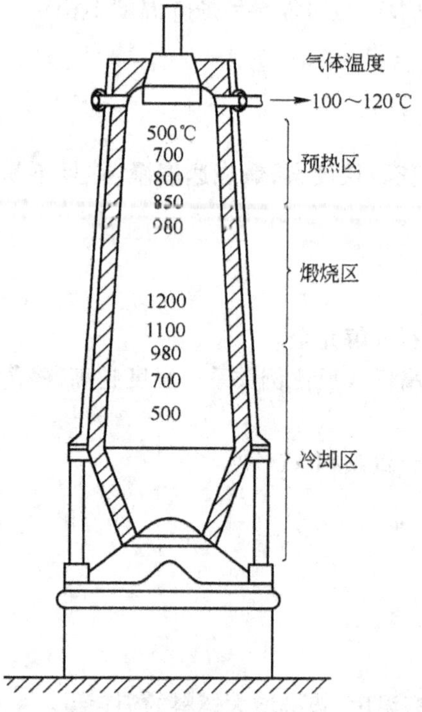

图 11-3　竖式石灰炉的示意图

按照石灰石等炉料在炉内发生的物理化学变化的不同，一般将石灰炉沿高度分为三个区域，即预热区、煅烧区（分解区）和冷却区。

A　预热区

预热区位于炉的上部，区域范围大约占炉子高度的 25%，温度范围 120～900℃。在此区域，混合炉料（从炉顶加入的石灰石和焦炭）会与从下面煅烧区上升的热气流进行换热，从而使混合炉料得到预热和干燥，而热气体本身则受到冷却。由气体从煅烧区带入热量的 45% 左右会在此区域得到利用。因此，预热区的高度必须与煅烧区的高度相适应。预热区高度不够将使炉气温度过高，热量不能充分利用。

B　煅烧区

煅烧区位于炉的中部，大约占炉子高度的 50%，煅烧温度达 1100～1200℃。它是竖炉内进行主要化学反应的区域，燃料燃烧和碳酸钙的分解均在此区域进行。煅烧区内的温度与鼓风压力大小有关，随着鼓风压力的增大，燃料燃烧更强烈，因而此区的温度也越高。

C　冷却区

冷却区位于炉的下部，也占炉子高度的 25% 左右，温度范围 800～60℃。烧好的石灰在通过此区域时，会与鼓入的冷空气进行热交换，从而使石灰受到冷却，温度降低到 60℃ 左右出炉，而鼓入的冷空气则得到预热有利于燃烧。

上述各个区域的相互位置是恒定的，但是各区域所占炉子的高度不是固定不变的，一般也不能明显的区分出三个区域的界限，因为它们在生产中常发生移动。影响各区高度的主要因素是石灰石、焦炭的粒度及其均一性。料块较小，粒度均匀则各区的界限较明显；反之，则各区不但没有明显的界限,而且煅烧区会伸延很长。

11.3.5.2 石灰炉的技术控制

A 煅烧度

由碳酸钙的分解反应可知,每 100 kg 纯 $CaCO_3$ 如全部分解,可得 56 kg CaO 和 44 kg CO_2。但实际上在煅烧时得到的 CO_2 数量要少于此理论值,这是因为石灰石中的 $CaCO_3$ 没有全部分解。通常把石灰中已分解的 CaO 含量与石灰中全部 CaO 含量的百分比称为煅烧度或分解率。煅烧度的符号以 P 表示。计算公式如下:

$$P=(\text{石灰中 CaO}-56/44\times\text{石灰中的灼减})/\text{石灰中 CaO}\times 100\%$$

式中 石灰中的灼减——指石灰中的 CO_2 重量,kg;

石灰中 CaO——指石灰中的 CaO 重量,kg。

煅烧度的高低直接影响到原料的利用率和 CO_2 的产量,因此要求石灰煅烧度越高越好。为达到此要求,就要控制石灰石块度适中,焦炭配比合适,石灰石在炉内有一定的停留时间,这样才能保证有好的煅烧度。

B 焦比

氧化铝厂采用竖式石灰炉煅烧石灰石时,一般控制湿焦比 7%~7.5%。

C 风压和顶压

风压即石灰炉的鼓风压力。风压大小视产量高低和原料、燃料等的粒度变化而变化。产量高,石灰石粒度小,需要的风压就高;反之,风压就低。

调整风压的方法是通过调整鼓风机的进风阀门来进行的。正常操作情况下,1 h 内增减风压不超过 1.33×10^4 Pa。

顶压是指炉顶炉气的压力。顶压的波动是由于鼓风压力,料层高低,抽气能力及炉内结瘤引起的。可以用增减加料量和调整风压的方法来调节。生产中采取微正压操作,一般控制在 2.67×10^3 Pa左右。

D 顶温和灰温

顶温指石灰炉顶部排出炉气的温度。灰温是指石灰炉底部卸出石灰的温度。顶温和灰温主要是随进风量和出灰量而变化。当底部风压降低或因其他缘故,鼓风机停止鼓风时,火层停留在下部,则灰温升高而顶温降低;如出灰少或停止出灰时,火层上升,则灰温降低,顶温上升。

影响顶温和灰温的因素有焦炭粒度的均一性、焦比以及配焦混合情况等。焦炭碎末多,会使火层上移,顶温升高;而焦炭配量过多,配焦混合不均匀以及焦炭粒度过大等均能使火层下移,灰温升高;另外,在炉内发生偏烧、结瘤等情况时也会引起顶温和灰温的变化。

在正常生产情况下,冬季顶温控制在 100±20℃,灰温 50±10℃;夏季顶温 120±20℃,灰温 70±10℃。

E 石层

石层是表示炉内料柱的高低的概念。生产中是用探石杆从炉顶用绞车放入测定料面距撒料器的空隙距离来相对表示料柱的高低,这段距离一般控制在 3.2±0.2 m 为宜。

石层的高低对技术条件的影响很大。如果石层上升,则炉内气流速度增加,使顶温上升,煅烧区延长,预热区缩短,从而导致石灰生烧和炉气中 CO_2 浓度降低;如果石层保持过低,则料面距撒料器太近,影响撒料的均匀性,甚至会碰坏撒料器而造成事故。

影响石层高低变化的原因有:

(1) 加料量与出料量不相适应；

(2) 石灰石块度大小的波动；

(3) 炉内产生结瘤使料层架空，物料增高。而当结瘤突然下崩时，则形成石层迅速上升；

(4) 撒料器撒料不均匀，形成石层一边高，一边低。

F　石灰煅烧的技术条件

石灰煅烧的技术条件见表 11-2。

表 11-2　石灰煅烧的技术条件

名　称	技术条件
石层/m	3.2±0.2
顶压/kPa	2.67±0.67
顶温/℃	冬季 100±20℃，夏季 120±20℃
灰温/℃	冬季 50±10℃，夏季 70±10℃
焦比/%	6.8～7.5

复习思考题

11-1　什么是生料(或熟料)的碱比、钙比、铁铝比、铝硅比？

11-2　生产中生料浆配制采用什么配料工艺？简述其配料过程，画出其配料工艺流程图。

11-3　氧化铝厂石灰煅烧采用什么设备、原料和燃料？

11-4　写出石灰煅烧过程的主要化学反应式。石灰煅烧炉沿炉高划分为哪几个区域，各区域的主要作用是什么？

11-5　解释煅烧度、焦比、石层高的概念及意义。

12 熟料烧结

烧结过程的目的就是要使原料中的 Al_2O_3 转变成易溶于水或稀碱溶液的化合物（$Na_2O\cdot Al_2O_3$）而使 SiO_2、Fe_2O_3 和 TiO_2 等杂质转变为不溶于水或稀碱溶液的 $2CaO\cdot SiO_2$、$Na_2O\cdot Fe_2O_3$ 和 $CaO\cdot TiO_2$ 等化合物，以便在下一步溶出过程中将有用成分与有害杂质分离出来。

12.1 熟料质量的标准

在碱-石灰烧结法生产氧化铝流程中，烧结过程是一个关键性环节，烧制高质量的熟料是搞好烧结法生产的基本前提，熟料质量首先是指其中的有用成分 Na_2O 和 Al_2O_3 要最大限度地转变成可溶性化合物（$Na_2O\cdot Al_2O_3$），其次熟料的物相组成和结构既要有利于有用成分的溶出，又要使不溶性化合物，特别是原硅酸钙在熟料溶出及赤泥分离洗涤过程中处于惰性状态。

熟料的质量在生产上通常是用熟料中的 Na_2O 和 Al_2O_3 标准溶出率、熟料的容重和块度以及熟料中二价硫（S^{2-}）含量等指标来衡量。

12.1.1 Na_2O 和 Al_2O_3 的标准溶出率

Na_2O 和 Al_2O_3 的标准溶出率是指熟料中的 Na_2O 和 Al_2O_3 在标准溶出条件下的溶出率。所谓标准溶出条件是指能使熟料中可溶出的 Na_2O 和 Al_2O_3 全部溶出来，并且不再因溶出过程中的副反应而重新进入赤泥的溶出条件。

Na_2O 和 Al_2O_3 的标准溶出率是表征熟料溶出时可能获得的最高溶出率，是衡量熟料质量的最主要的指标。标准溶出率越高，熟料质量越好。生产上通常以 $\eta_{A标}$ 表示熟料中的 Al_2O_3 的标准溶出率，$\eta_{N标}$ 表示熟料中的 Na_2O 的标准溶出率。我国一般控制 $\eta_{A标}>96\%$，$\eta_{N标}>97\%$。而没有溶出来的 Na_2O 和 Al_2O_3 则是由于反应不完全或生成了不溶性化合物所造成的，这部分损失通常被称为一次反应损失。

12.1.2 熟料的容重和块度

熟料的容重和块度反映着熟料的硬度、孔隙率等物理性质，也反映着熟料的烧结程度。容重和块度大的熟料，其硬度大、孔隙率小，难溶难磨，表明烧结温度过高；容重和块度过小的熟料，溶出后赤泥不稳定，沉降性能也不好，表明烧结温度过低，这两种情况都会使熟料的标准溶出率降低。目前，工业上要求熟料的容重在 1.2～1.25 kg/L，块度大部分为 30～50 mm，呈灰黑色的正烧结熟料。这种熟料溶出率高，可磨性好，并且赤泥沉降性能也好。

12.1.3 熟料的负二价硫（S^{2-}）含量

熟料中负二价硫（S^{2-}）含量的高低标志着熟料烧结过程中的脱硫效果。熟料中负二价硫含量高表明脱硫效果好，生产经验证明此时烧结出的熟料为多孔黑心，具有性脆、易磨、赤泥稳定、沉降性能良好、Na_2O 和 Al_2O_3 的净溶出率高等优点。生产上熟料中负二价硫（S^{2-}）含量要求大于 0.3%。

熟料质量高，可以使烧结法生产的大多数技术经济指标得到提高，此外还可以为溶出过程的顺利进行和赤泥的综合利用创造有利条件。另外，烧结法流程是根据熟料的产量来组织平衡生产的，所以，熟料烧结过程的优质、高产、低耗对整个流程起着非常重要的作用。

12.2 熟料烧结的主要反应及副反应

12.2.1 熟料烧结的主要反应

12.2.1.1 Na_2CO_3 与 Al_2O_3 之间的反应

炉料中的 Al_2O_3 在一定温度下可以与 Na_2CO_3 相互作用生成铝酸钠（$Na_2O \cdot Al_2O_3$），其反应式如下：

$$Al_2O_3 + Na_2CO_3 = Na_2O \cdot Al_2O_3 + CO_2\uparrow$$

上式反应在 500℃ 以上时，反应开始向右进行。但是反应速度很慢，并且反应不能进行到底；在 800℃ 时，反应可进行到底但进行仍然很慢，需 25～32 h 才反应完；在温度高到 1150℃ 时，反应则可以在 1 h 内完成。

12.2.1.2 Na_2CO_3 与 SiO_2、Al_2O_3、CaO 之间的反应

如果炉料不配石灰，则会发生如下反应：

$$2Na_2CO_3 + 2SiO_2 + 2Al_2O_3 = Na_2O \cdot Al_2O_3 \cdot 2SiO_2 + Na_2O \cdot Al_2O_3 + 2CO_2$$

上式反应在 1000℃ 时，进行很快，生成了不溶性的铝硅酸钠化合物（$Na_2O \cdot Al_2O_3 \cdot 2SiO_2$），即霞石。

如果炉料配有石灰，则会在 1100℃ 开始进行如下反应：

$$Na_2O \cdot Al_2O_3 \cdot 2SiO_2 + 2CaO = Na_2O \cdot Al_2O_3 + 2CaO \cdot SiO_2$$

从上面两个化学反应式可看出，如果炉料中不配石灰，铝土矿中的氧化硅还会生成不溶性的铝硅酸钠，则烧结法仍然不能处理高硅铝土矿，只有在炉料中有石灰存在时，铝土矿中的氧化硅才能在烧结时生成不溶性的原硅酸钙，而不会生成铝硅酸钠。

12.2.1.3 Na_2CO_3 和 Fe_2O_3 之间的反应

Na_2CO_3 和 Fe_2O_3 在加热时能相互作用生成铁酸钠：

$$Na_2CO_3 + Fe_2O_3 = Na_2O \cdot Fe_2O_3 + CO_2\uparrow$$

上式反应在 700℃ 以下开始进行，在 1000℃ 时可在 1 h 内完成。

12.2.2 熟料烧结的副反应

12.2.2.1 脱去结晶水的反应

在 145～600℃ 时，炉料进行的主要反应是各种化合物脱去结晶水以及碳酸钠分解的反应。

12.2.2.2 非饱和配方时的反应

当钠铝比小于 1 时，炉料中氧化钠不足，则有游离的氧化铝和氧化铁会与氧化钙发生以下反应：

$$Al_2O_3 + CaO = CaO \cdot Al_2O_3$$

$$Fe_2O_3 + 2CaO = 2CaO \cdot Fe_2O_3$$

其中，生成物铝酸钙为不溶性物质，会造成氧化铝的损失。

当钠铝比大于1,碱比小于1时,炉料中的氧化铝会全部生成铝酸钠,但炉料中的氧化铁只有部分生成铁酸钠,其余游离的氧化铁会生成铁酸钙。

当碱比大于1时,炉料中氧化钠富余,则会发生以下反应:

$$2CaO \cdot SiO_2 + Na_2CO_3 = Na_2O \cdot CaO \cdot SiO_2 + CaO + 2CO_2$$

生成物钙硅酸钠为不溶性物质,会造成氧化钠的损失。

炉料中的 TiO_2 在烧结温度下,会与石灰发生以下反应:

$$TiO_2 + CaO = CaO \cdot TiO_2$$

钛酸钙的生成有利于溶出和改善赤泥性能。

所以石灰配入量除了要考虑满足氧化硅的需求外,也要考虑氧化钛和部分氧化铁的需求。

12.3 熟料烧结过程的机理

12.3.1 熟料烧结过程的反应顺序

在炉料加热到200℃以前,主要是烘干物料。

在炉料加热到400～600℃时,氧化铝、氧化铁和高岭石脱除结晶水:

$$Al_2O_3 \cdot 2SiO_2 \cdot 2H_2O \longrightarrow Al_2O_3 \cdot 2SiO_2 + 2H_2O$$

在炉料加热到500～700℃时,氧化铝和氧化铁开始与碳酸钠反应生成铝酸钠和铁酸钠。

在炉料加热到750～900℃时,偏高岭石($Al_2O_3 \cdot 2SiO_2$)与碳酸钠反应生成霞石($Na_2O \cdot Al_2O_3 \cdot 2SiO_2$):

$$Al_2O_3 \cdot 2SiO_2 + Na_2CO_3 = Na_2O \cdot Al_2O_3 \cdot 2SiO_2 + CO_2 \uparrow$$

继续升温至1000～1250℃时,氧化钙分解霞石生成原硅酸钙:

$$Na_2O \cdot Al_2O_3 \cdot 2SiO_2 + 2CaO = Na_2O \cdot Al_2O_3 + 2CaO \cdot SiO_2$$

上述过程是烧结的基本理论次序,但实际上反应过程要复杂得多。

12.3.2 烧结温度和烧结温度范围

(1) 正烧结温度。生产上把烧结过程中液相量为20%～30%时所得到的熟料称作正烧结熟料。该熟料的标准溶出率高,可磨性好,溶出快,赤泥性能稳定。生产上把得到这种熟料的烧结称作正烧结,把得到这种熟料的烧结温度称作正烧结温度。正烧结温度为正烧结的下限温度(液相为20%或接近20%)与正烧结的上限温度(液相为30%或接近30%)的平均值。正烧结的上限温度与正烧结的下限温度之差称作熟料的烧结温度范围。

(2) 过烧结温度。生产上把烧结过程中液相量多于30%时所得到的熟料称作过烧结熟料。该熟料的块度大、强度大、孔隙度小、溶出率也低。生产上把得到这种熟料的烧结称作过烧结,把得到这种熟料的烧结温度称作过烧结温度。

(3) 近烧结温度。生产上把烧结过程中液相量少于20%时所得到的熟料称作近烧结熟料。该熟料的块度小,可磨性好,标准溶出率高,但是赤泥沉降性能不稳定。生产上把得到这种熟料的烧结称作近烧结,把得到这种熟料的烧结温度称作近烧结温度。

(4) 欠烧结温度。生产上把烧结过程中液相量少于5%时所得到的熟料称作黄料。该料为粉状物料,标准溶出率非常低,为正常反应没有进行完毕所得到的物料。生产上把得到这种熟料的烧结称作欠烧结,把得到这种熟料的烧结温度称作欠烧结温度。

(5) 烧结温度范围。正烧结的上限温度与正烧结的下限温度之差称作熟料的烧结温度范围。

生产上为得到合格熟料和操作容易，要尽量使烧结温度范围变宽，一般在70℃以上。

(6) 影响烧结温度范围的因素。影响烧结温度范围的因素有炉料的铁铝比、钙比、碱比、铝硅比和硫酸钠含量。

烧结温度范围会随着炉料中铁铝比和钙比的增加以及硫酸钠含量的增大而变窄；会随着炉料中铝硅比和碱比的增加而变宽。我国铝土矿为低铁高硅矿，所以铁铝比不大，一般在0.08～0.12(量之比)以下，在铝硅比为3.0以上，生料加煤时，烧结温度范围能够控制在70℃。

12.3.3 硫在烧结时的危害及脱硫措施

12.3.3.1 硫在烧结时的危害

在铝土矿、石灰、烧结燃料煤以及生产用水中都或多或少地含有硫化物和硫酸盐，这些硫化物在烧结过程中几乎都能与炉料中的碱作用生成 Na_2SO_4 而进入熟料。Na_2SO_4 中的 Na_2O(生产上通常用 Na_2O_s 表示)已不能与炉料中的 Al_2O_3 或 Fe_2O_3 作用生成 $Na_2O·Al_2O_3$ 和 $Na_2O·Fe_2O_3$，熟料中的 Na_2SO_4 在溶出过程中几乎全部都能进入溶液，并随母液又循环返回配料系统，这样就使 Na_2SO_4 在生产流程中逐渐富集积累。Na_2SO_4 的熔点只有884℃，因此，Na_2SO_4 在烧结反应还未充分进行之前，便已化成液相。当熟料中含 Na_2O_s 达到3.5%时，Na_2SO_4 含量为8%，此时炉料便具有一定的可塑性，加之 Na_2SO_4 熔体在低温下的黏度较大，容易在回转窑的烧成带后部形成结圈，使窑不能正常运转。另外，Na_2SO_4 会使烧结温度范围变窄，阻碍烧结过程的反应速度。

生产实践证明，当熟料中 Na_2O_s 含量在4%以上时，烧结窑操作就很困难；而 Na_2O_s 含量如果在6%以上时，烧结窑就不能维持生产了。

12.3.3.2 脱硫措施

为减少硫对生产的危害，生产上采用生料加煤的方法来进行脱硫。

在烧结过程中，有碳存在时，在750～800℃会有下列反应发生：

$$Na_2SO_4 + 2C \xlongequal{} Na_2S + 2CO_2$$

$$Fe_2O_3 + C \xlongequal{} 2FeO + CO$$

$$2FeS_2 + Fe_2O_3 + 3C \xlongequal{} 4FeS + 3CO$$

$$Al_2O_3 + Na_2S + FeO \xlongequal{} FeS + Na_2O·Al_2O_3$$

$$Na_2S + CaO \xlongequal{} CaS + Na_2O$$

通过上述反应，使 Na_2SO_4 在烧结过程中被还原为以不溶性的负二价硫形式存在的化合物(FeS、CaS)随赤泥排出，排硫率可达60%～70%，从而使大部分硫得到了脱除。

生产上熟料的负二价硫(S^{2-})含量可直观地通过溶出后的赤泥颜色来判断：当熟料的负二价硫(S^{2-})含量高于0.25%时，赤泥是黑色，沉降速度快，而当熟料的负二价硫(S^{2-})含量低于0.1%时，赤泥是黄色的，沉降速度显著减慢。当熟料负二价硫(S^{2-})含量低于0.25%高于0.1%，赤泥是棕色的，其沉降速度介于二者之间。

生产实践表明：生料添加3%～5%(固定碳量占干生料量)的煤后，在正常情况下，可使熟料负二价硫(S^{2-})含量不小于0.3%，Na_2O_s 含量稳定在2.0%以下。

12.4 影响熟料烧结质量产量的因素

任何一个生产过程都希望获得产量高、质量好、消耗低的经济效果。要做到这几点就必须研究生产过程中的各种影响因素，只有消除不利因素，才能达到稳产、高产、优质、低消耗的目的。

12.4.1 影响熟料质量的因素

要保证熟料的质量达到所要求的指标，就要了解熟料质量与生产中各相关因素的因果关系。在生产中，生料的烧结温度取决于生料成分与配比，生料成分改变，烧结温度也会随之改变。而烧结带的温度是由人工控制燃料(煤粉或重油)量的多少和其他条件决定的。如果烧结带的温度与生料要求的烧结温度不一致，熟料质量就达不到要求。可见，生料成分与配比以及烧结带的温度是影响熟料质量的主要因素。此外，燃料的质量、生料粒度、物料在烧结带停留时间等，对熟料质量均有影响。

12.4.1.1 生料成分及配比的影响

生料成分对熟料质量起着决定性作用。铝土矿中 Al_2O_3、SiO_2、Fe_2O_3 的含量对烧成温度及其温度范围有明显的影响。生产实践证明，当生料中 A/S 增大时，相对的 Fe_2O_3 含量减少，因此熟料中相应的 $Na_2O·Fe_2O_3$ 和 $2CaO·SiO_2$ 也减少，导致烧成温度升高(生产上称料子吃火)。在已定的生产条件下，易出现欠烧结熟料——黄料。反之，当 A/S 降低时，物料虽然易烧，但烧成温度范围缩小，熟料窑操作不好控制，还会造成熟料窑烧结带结圈、下料口堵塞等生产故障。因此，熟料烧结时希望铝硅比高一点好。烧结法工厂控制生料中 A/S 在 3.0～3.5 范围内。

而在混联法氧化铝生产中，生料的铝硅比不可能太高。因为拜耳法赤泥铝硅比只有 2.0 左右。如果生料铝硅比太高，则处理一吨拜耳法赤泥要配入大量的矿石，在拜耳法系统的产量一定的情况下，就必须扩大烧结法系统的产量，这样则会使混联生产氧化铝的优越性显著降低。所以在混联法生产氧化铝的实践中，应在保证熟料窑的正常操作的前提下尽量降低生料铝硅比。根据生产条件和操作水平，生料浆的 A/S 不低于 2.7，生料的烧结温度在 1200～1260℃，烧成温度范围 60℃左右。

生料中的 Fe_2O_3 是烧结熟料时的主要矿化剂，起降低熟料烧结和熔融温度的作用，生料烧结温度随着 $[F]/[A]$ 的提高而下降，如表 12-1 所示。

表 12-1 [F]/[A]对熟料烧结温度的影响

编号	配料比例				开始烧结温度/℃	熔融温度/℃
	$[N]/[R]$	$[C]/[S]$	A/S	$[F]/[A]$		
1	1.0	2.0	1.7	0.00	1300 未烧结	
2	1.0	2.0	1.7	0.15	1230	1300
3	1.0	2.0	1.7	0.25	1230	1270
4	1.0	2.0	1.7	0.35	1200	1240
5	1.0	2.0	1.7	0.45	1200	1230
6	1.0	2.0	1.7	1.00	1150	1200

但是，生料的铁铝比过高，会使烧结温度范围变窄，熟料窑操作困难。所以，生料的铁铝比控制在 0.08～0.12。

在生产中，A/S 和 $[F]/[A]$ 是在配矿时进行控制。

生料的碱比在一定条件下，影响熟料的烧结温度和烧结温度范围。降低碱比将降低烧结温度和缩小烧结温度范围。熟料碱比和烧结温度的关系如表 12-2 所示。

表 12-2 熟料碱比对烧结温度的影响

编号	配料比例				开始烧结温度/℃		烧结温度范围/℃
	[N]/[R]	[C]/[S]	A/S	[F]/[A]	下限	上限	
1	0.8	2.0	2.6	0.12	1180	1230	50
2	0.9	2.0	2.6	0.12	1180	1230	50
3	1.0	2.0	2.6	0.12	1180	1260	80
4	1.1	2.0	2.6	0.12	1175	1300	125
5	1.2	2.0	2.6	0.12	1195	1310	120

如果仅从扩大烧结温度范围来看,高碱比是有益的。但是高碱比的熟料在溶出时,二次反应增多,溶出率降低。所以为了适应熟料溶出的要求——低苛性比值的溶出及稳定的赤泥沉降性能,在生料浆配料时仍选择了碱比小于 1 的非饱和配方。

在一定的碱比条件下提高[C]/[S]有扩大烧结温度范围的作用。

一般来说,熟料烧结温度范围为 70～80℃为好。较熟练的熟料窑操作者能掌握的最小烧结温度范围为 40℃左右。当熟料烧结温度范围过窄,熟料窑操作者无法控制稳定的正烧结温度时,回转窑内将出现减产、跑黄料、掉窑皮、滚大蛋、长结圈或红窑等故障,严重影响熟料质量和正常生产。

12.4.1.2 烧结带温度的影响

烧结带的温度是燃料燃烧的结果。燃油或喷入的煤粉量由操作者随时调整。如果燃料量控制不当,烧结带的温度比生料要求的烧结温度高,就形成"过烧"熟料。过烧熟料容重大,可磨性差,溶出率降低,同时还可能引起窑内生成结圈,滚大蛋等生产故障;反之,烧结带温度比生料要求的烧结温度低,就形成"欠烧结"熟料,即黄料。由于烧结反应不完全,黄料中存在游离石灰时,不仅使溶出率降低,而且造成赤泥分离,沉降槽跑浑和赤泥膨胀或粘结,赤泥分离作业遇到困难。

12.4.1.3 煤粉质量对熟料质量的影响

在熟料烧结过程中,如果用煤粉作燃料,煤粉的灰分和硫几乎全部进入熟料之中,对熟料质量有较大的影响。生产中使用的煤粉的灰分含量约 10%～13%,灰分的主要化学成分见表 12-3。

表 12-3 煤粉中灰分的化学成分 %

SiO_2	Al_2O_3	Fe_2O_3	CaO
50～55	15～25	5～15	6～10

正常情况下,煤灰会使熟料的铝硅比比生料低 0.2～0.3、碱比低 0.02～0.05。煤粉的灰分将使熟料质量和烧结窑操作受到影响。煤粉中的硫经过燃烧后,会与生料中的碱作用生成硫酸钠,为了减少硫酸钠的危害,要求燃煤(油)含硫小于 0.7%。

12.4.1.4 生料粒度对熟料质量的影响

因生料烧结过程的物理化学反应多是固相反应,仅在烧结接近结束时才出现少量的液相。所以物料粒度对反应速度及完全程度影响很大。物料粒度小、比表面积大、反应速度快;反之,反应速度慢且不完全,影响 Al_2O_3 和 Na_2O 的溶出率,因此生料必须经过细磨。

12.4.1.5　物料在烧结带的停留时间对熟料质量的影响

烧结过程需要一定的反应时间，在生产实践中，由于熟料窑的长度和斜度一定，物料在烧结带停留时间的长短是由熟料窑的转速来控制的。如果熟料窑的转速太快，使物料在烧结带的停留时间少于物料反应的必要时间，就会造成熟料“欠烧”而影响质量；如果转速太慢，则将降低窑的产能。一般来说窑的转速控制在2.5～3.5 r/min。

12.4.2　熟料窑的台-时产能计算方法

熟料烧结工序对熟料窑的产量要求：一是熟料窑台-时产能高；二是熟料窑运转率高。熟料窑的台-时产能是指在保证熟料质量的前提下，单位时间内1台熟料窑所产出的熟料量。在熟料窑安全运转的情况下，熟料窑台-时产能高，则熟料窑的月（年）产量也必然高。

熟料窑的台-时产能计算方法如下：

$$G = KV$$

式中　G——熟料窑的台-时产能，t/（台·h）；

K——生熟料折合比（每1 m^3 生料浆生成熟料量的折合比），t/m^3；

V——单位时间内生料浆的下料量，m^3/h。

生熟料折合比K与生料浆含水率有关，其值由化验测定，表12-4列出生产中部分 K 值与含水率的关系数据。

表12-4　K 值与含水率

生料浆含水率/%	38.0	38.4	39	39.4	40.0
生熟料折合比 K	0.765	0.757	0.746	0.739	0.728

12.4.3　提高熟料窑产量的措施

熟料窑的生产是一个综合过程，其生产能力与设备条件、操作因素有关。在固定的窑型中，提高生产能力的途径可从以下几方面入手：

（1）稳定配料成分。稳定配料成分，增宽物料烧结温度范围是使窑操作稳定、高产的基础。当配料的 A/S 过高，Fe_2O_3 含量下降，物料就难烧，使操作中慢车增加，而不能保持高产水平，此时应将生料 A/S 控制在指标范围内。

（2）降低生料浆水分。从生产中使用的台-时产能计算公式可知，生料浆含水率低，折合比 K 值就大，在同样的下料量情况下，熟料窑产量增高。同时，在下料量一定的情况下，生料浆含水率高，进入烘干带的水量多，增加了烘干带负荷，当超过烘干带的烘干能力时，则要求减少下料量，这也就降低了熟料窑的产能。

（3）稳定熟料窑的热工制度。稳定熟料窑的热工制度，使其发热能力，热利用率和窑内温度等三方面相适应。

稳定窑尾温度是发热能力和热利用率之间平衡的标志。实践证明，窑尾温度过低，物料预热不好，烘干能力差，使产量降低。当排风机抽力过大时，窑尾温度高，虽然物料预热良好，但热耗大，窑皮不易维护，影响产量。因此，窑尾温度必须控制在要求的范围内。

（4）提高熟料窑的转速。提高熟料窑的转速，可以强化物料与炉气之间的热交换，改善物料受热的均匀程度。在保证熟料质量的前提下，加快窑的转速，对一定料层厚度来说就可以增加下料量,因而提高窑的产能。在生产中要以产量高、质量好、各项单耗小、操作稳定、窑的运转周期长等作为依据综合选择窑的转速。烧结法厂的实践表明,在2.5～3.5 r/min(窑的斜度4%)比较适宜。当窑的转速增加到4 r/min时,因物料在窑内停留时间太短,烧结不好,而影响熟料质量。

(5) 稳定喂料。喷入法窑的饲料在目前尚不能与窑同步,因之稳定喂料是稳定窑操作的基础,必须重视。净化料浆,筛出石子、细铁丝之类的杂物,以免堵塞喷嘴。喂料泵压力要保持稳定,避免下料量波动。

(6) 在窑内的预热带安装热交换器。增加传热面积,强化了预热带的传热过程。常用的热交换器有两种:一种是格子板;另一种是扬料板。实测表明,每平方米扬料板可以使物料温度升高14℃,而格子板仅为0.92℃。现大多都改用扬料板,使产能提高10%～15%。

(7) 提高熟料窑的安全运转率。熟料窑的安全运转率是指熟料窑的窑皮、耐火内衬厚薄都符合操作要求和设备完好情况下的正常运转。它是熟料窑稳产、高产的首要条件。

熟料窑的运转率是指其安全运转时间与日历时间的百分率。生产中要求运转率大于85%。熟料窑安全运转与下列几方面的因素有关:

1) 窑皮质量。窑皮是一层粘附在烧结带内衬上的过烧熟料层．它具有保护烧结带内衬不受高温火焰和物料的腐蚀、磨损的作用。在熟料窑操作中,窑皮太薄,会影响加大燃料量提温,也就限制了熟料窑提产;窑皮太厚,又缩小了烧结带的有效截面,也限制了熟料窑的提产。

2) 烧结带的温度。烧结带的温度太高,破坏窑皮对烧结带内衬的保护作用。严重时,会使窑皮烧光,耐火砖烧化,窑体烧红或穿洞,迫使窑停产检修。

3) 耐火砖材质。要求内衬耐火砖耐烧、耐磨以及与窑皮粘结性能良好。要求耐火砖的耐火度在1500～1700℃左右,使用周期在120天以上,残存厚度不小于100 mm。

4) 加强设备维护,提高设备检修质量等都是保证熟料窑安全运转的重要条件。

12.5 熟料烧结工艺

12.5.1 熟料烧结的生产流程

熟料烧结的生产工艺流程可分为三个系统,回转窑熟料烧结工艺流程见图12-1所示。

(1) 饲料系统。制备好的生料浆用泥浆泵(压力1.2～1.4 MPa)经喷枪在窑尾雾化喷入窑内(射程约10～12 m),烧成的熟料由窑头下料口流入冷却机,将1000℃以上的高温熟料冷却到300℃左右,由裙式输送到颚式破碎机破碎后,由斜斗式提升机入熟料仓。

(2) 燃烧系统。熟料窑可用煤粉、重油或天然气等各种燃料。常见的是用煤粉作燃料,原煤经煤粉磨细磨后进入煤粉仓,然后煤粉进入喷煤管被一次风喷入窑内燃烧。

(3) 收尘系统。废气从窑尾入立式烟道经旋风收尘,分离出的尘粒由流管直接入窑,排风机再将废气送至电收尘再次收尘净化,使废气的烟尘含量小于0.15 g/m^3,然后由烟囱排空,电收尘收下的窑灰经螺旋输送机,提升机返回窑内。

12.5.2 烧结回转窑的作业特点

通常根据炉料沿窑尾到窑头的温度变化将窑划分为五个作业带。

(1) 烘干带。窑气由温度800℃降到250℃出窑,炉料由80℃被加热到150℃左右。此带主要是烘干生料浆的附着水。料浆要在雾化状态下除掉80%的附着水,以免在窑尾生成泥浆圈。出烘干带的炉料水分应小于10%。

烘干带的长度为喷枪的喷射距离,约有10～12 m。

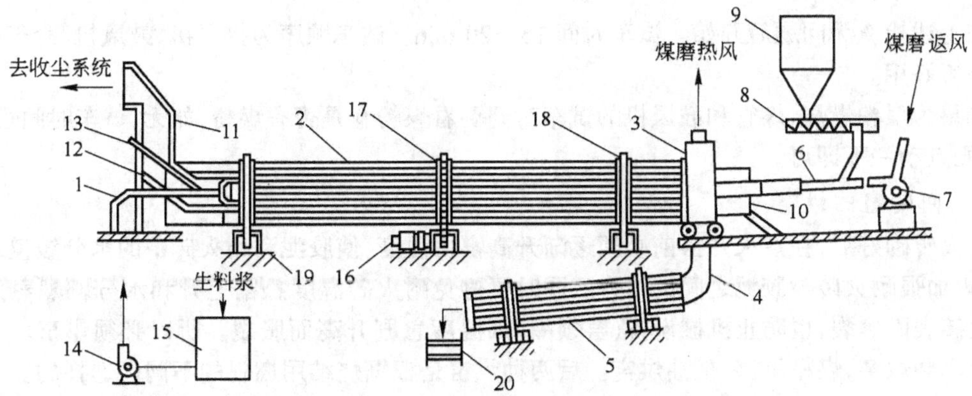

图 12-1 回转窑熟料烧结工艺流程

1—饲料喷枪；2—回转窑筒体；3—窑头罩；4—熟料流槽；5—单筒冷却机；6—喷煤管；7—鼓风机；8—双管螺旋给煤机；9—煤粉仓；10—窑头操作室；11—窑尾罩；12—刮料器；13—返灰管；14—油隔泥浆泵；15—生料浆槽；16—马达；17—大齿轮；18—领圈；19—托轮；20—裙式输送机

(2) 预热带。窑气由温度1200℃降到800℃，炉料由150℃被加热到600℃左右。此带除继续烘干炉料残余的附着水外，主要是脱除炉料中的结晶水。另外，生料加煤时，硫酸钠开始被还原为硫化物。

(3) 分解带。窑气由温度1500℃以上降到1200℃，炉料由600℃被加热到1000℃以上。在此带主要是炉料中的碳酸钠和氧化铝、氧化铁生成霞石和铁酸钠。生料加煤时，硫酸根离子在此带被还原成负二价硫离子，还原率达93%以上。

(4) 烧成带。此带为火焰燃烧区，窑气温度可达1500℃以上，炉料由1000℃被加热到1250℃以上。主要作用是氧化钙分解霞石，生成铝酸钠和原硅酸钙。在此带，由于液相出现，炉料呈具有一定塑性的料团状。烧成带的长度为火焰的长度，所以火焰的长度决定烧成带的长度。

(5) 冷却带。是指从火焰后部至窑头的一段。由烧成带过来的高温熟料在此带与二次空气进行热交换，由1250℃冷却至1000℃后出窑进入冷却机。

12.5.3 回转窑操作

12.5.3.1 回转窑的开窑

A 开窑前的检查工作

(1) 耐火砖厚薄，有无爆裂、松动或脱落等；

(2) 窑头罩、下料口是否具备开窑条件；

(3) 一次风管有无变形和破洞并按要求校正位置，有无杂物堵塞；

(4) 如果为重油燃烧，检查油枪有无堵塞，是否合乎安装要求；如果为煤粉燃烧，检查喷煤嘴有无堵塞，是否在规定位置；

(5) 窑尾设施应完好、牢固、畅通。如刮料器、下灰管等；

(6) 热工仪表，电气设备及信号，设备的各传动装置是否完好。

B　回转窑的试车

在上述检查无问题后开始。试车时间 15～20 min。试车顺序为排风机、鼓风机、冷却机、窑。检查是否好用。

如果为煤粉燃烧，煤管和鼓风机的试车时间要看煤粉仓是否有煤粉，如无，试车时间可稍长；如有，则点动一下即可。

C　回转窑的烘窑

耐火砖砌好后，在点火开窑前必须逐渐升高窑内温度，使胶泥和耐火砖中的水分缓慢地蒸发出来，以加强耐火砖与胶泥之间的结合。同时可避免耐火砖温度急剧上升和水分剧烈蒸发而引起耐火砖表面爆裂，也防止机械设备(窑领圈)因温度急剧升高而胀裂。所以必须烘窑。烘窑的方法有木柴烘窑，煤粉烘窑，重油烘窑。后两种烘窑是根据烧结用燃料的不同而选择的。

a　木柴烘窑

常用在局部换砖的烘窑上。烧成带换砖超过 5 m，其他部位超过 10 m 都要进行木柴烘窑。将木柴放到新砌段的耐火砖前部分，第一次堆入量 500 kg 左右，木柴点燃后，掌握翻窑时间，每隔 30 min 翻窑一次，使火堆移动速度不要太快，并视木柴燃烧情况酌情添加木柴。但是此方法麻烦，窑内受热不均。

b　煤粉烘窑(烧结用燃料为粉煤时)

新窑烘窑时，在距窑头 7 m 处堆放 1000～1500 kg 的木柴点燃，当木柴燃烧旺盛时，喷煤燃烧，采用单管运行，控制下煤量，使之尽可能完全燃烧，当火焰稳定、没有反扑现象时，可每隔 15 min翻窑一次(1/2 或 1/4 转)。在第一、二次翻窑时应停煤，防止跑煤。当温度逐渐上升时，翻窑时间间隔可缩短，直至用主电机慢转窑，控制升温速度，要保持温度缓慢均匀上升，如过快，可间断停煤。新窑烘窑时间为 5～6 h。局部换转，烘窑时间具体掌握。

c　重油烘窑(烧结用燃料为重油时)

打开附设小油枪管路阀门扫线后，喷油。用液化枪点燃，并调整油量，使其逐渐形成火焰，完全燃烧。(为防止大油枪堵塞，大油枪必须扫线)换大油枪喷油，首先关闭扫线阀门然后开大管路油门，用电动阀(或气动阀)控制油量，当油已燃烧并且形成火焰，再关闭小油枪阀门，扫线后撤出，喷油后应适当加大排风量，窑头保持有一定负压，加速燃烧和防止胶皮密封圈烧坏、大油枪喷油后，一般 15 min 左右即可开鼓风机，以加强燃烧。当耐火砖表面已开始发亮时，可开排风机，尾温升到 400～450℃喷料，转窑开车。如果是窑内带料提温，必须将料基本烧好后方可转窑开车。根据温度变化和火焰高温位置，适当增减排风量。

小油枪烘窑时间，换砖 15 m 以下烘窑 6 h，15 m 以上每增加 3 m，烘窑递增 1 h；窑内未换砖为冷窑时，则烘窑 4 h；如停窑时间在 8～24 h 内，是热窑则烘窑可缩短到 2～3 h。大油枪提温时间：40～60 min。

d　带料冷窑的烘窑

带料冷窑的烘窑方法与新窑大部分相同。不同的地方是：一是第一次翻窑不能过早，防止生料压熄火焰；二是烧成带物料温度提起后，方可转窑开车。

e　短时停窑烘窑

此时窑内物料仍有温度，所以当翻窑露出红料时，即可开鼓风机，喷煤或油，引燃后停止转窑；等烧成带温度提起后，转窑开车。

D　烘窑结束操作

烘窑到尾温 400～450℃时在窑尾加窑灰，并开始正常转窑及下料。在下料初期，烧成带无料，燃料少，窑尾热量少，要根据具体情况控制下料量，不要使料粘结成圈。在物料未到烧成带以前，要严格控制温度，使烧成带耐火砖呈暗红色，如果耐火砖表面发亮，应适当开大后风，防止耐火砖烧损，下料 8 h 后，开收尘系统。

12.5.3.2　回转窑的挂窑皮操作

当料进入到窑内，对新窑就开始了挂窑皮的工作。窑皮是物料煅烧后粘结在烧成带耐火砖表面上所形成的保护层。窑皮可防止高温区物料对耐火砖的化学侵蚀及物料磨损，延长耐火砖使用寿命，提高回转窑运转周期。同时，可稳定窑的热工制度，减少散热损失，所以挂好窑皮（尤其是第一层窑皮）和维护好窑皮是保持回转窑优质高产的前提。

A　窑皮形成机理

物料在回转窑中由冷端向热端运动，当进入到分解带前沿时，在一定温度下开始出现液相，物料的熔体随着温度升高液相量也相应增加，当增加到一定量时，物料就具有了粘结性。当物料和耐火砖接触时，由于耐火砖向外散热，液相和部分物料就粘结在耐火砖表面上而形成了第一层窑皮。由于物料在不断进入烧成带，就会形成第二层窑皮，第二层窑皮粘结后，第一层窑皮温度下降而凝固，这个过程继续下去窑皮就会越厚。当窑皮厚到一定程度时，由于窑皮的热负荷增加，窑内表面温度升高，液相向外冷却逐渐困难，液相过热，黏度减小，不能再粘结凝固，此时窑皮就停止生成。

B　挂窑皮的操作

挂窑皮操作如下：

(1) 当物料靠近烧成带时，火焰会逐渐缩短，此时，应增加后风和燃料量，控制高温火焰位置距窑头 6 m 外，防止生料越过烧成带。在烧成带将物料烧至半熔状态，当耐火砖表面有液相出现时，液相就会与半熔状态物料粘结在一起，在窑壁的耐火砖上形成第一层高温窑皮。5 h左右可挂好 50 mm 左右的窑皮；

(2) 第一层高温窑皮挂好后，控制正烧结温度范围，保持物料粘结均匀，再进行均衡粘挂第二层窑皮。要严禁跑黄料及过烧，使窑的热工制度处于正常状态；

(3) 在挂窑皮时，注意火焰要软，即前风适当小；

(4) 在挂窑皮时要控制“三定”：定挂窑皮的位置，窑皮的长度和厚度。正常窑皮距窑头 5～6 m，长度 5～7 m 左右，厚度 150～200 mm，无前后结圈，厚薄均匀；

(5) 在正常情况下，40 h 内可挂好窑皮，然后以正常温度煅烧 20 h，即可转入正常生产。

C　窑皮的维护

窑皮要进行如下维护：

(1) 当烧成带窑壁温度低于 180℃ 时，就会出现窑皮过厚，当窑皮厚度大于 300 mm 时，就要处理，及时烧薄；

(2) 当烧成带窑壁温度高于 280℃ 时，窑皮容易过薄，当窑皮厚度小于 150 mm，就要及时补挂窑皮；

(3) 保持稳定的热工制度，避免烧成温度波动或局部过高，不形成窑皮挖沟、脱落等现象，要及时补挂窑皮；

(4) 正常操作时，采用“短火焰快速转窑”的操作方法维护窑皮。

12.5.3.3 回转窑的停窑

A 短期停窑

短期停窑操作如下：

(1) 按停窑顺序停止设备的运行，依次鼓风机、喷煤(油)、电收尘、窑灰、窑、冷却机等设备，如果是煤粉作燃料，则首先停供煤粉系统，尤其是煤磨机先停；

(2) 停窑后，1 h内每隔20 min翻窑1/2～1/4转一次，如遇雨天翻窑时间缩短一倍，暴雨天则连续转窑；

(3) 停车后，如果烟气倒流可短时间开鼓风机；

(4) 如停窑时间超过6～8 h，则应进行喷煤(油)保温操作，操作如下：喷煤(油)前通知窑尾各有关岗位，适当地打开排风和风门，然后转窑1/2～1/4转，待温度高的物料露出表面，即可开鼓风机和喷煤(油)，风量和煤(油)量均控制到最小，并视提温情况按时翻窑，窑尾温度达到400℃，烧成带温度提起后，停煤(油)。在喷煤(油)提温过程中，窑尾温度不得超过450℃，烧结带物料不得过烧，并防止烧损窑皮，喷煤(油)提温在冬季一般为4～6 h一次，夏季为6～8 h一次，特殊情况例外。

B 长期停窑

长期停窑操作如下：

(1) 停窑前进行减低窑负荷的操作：尽量将物料烧少烧好，停火后，继续转窑30～60 min，将料转出，以便检修窑内；

(2) 如计划停车时要换烧成带或烧成带后部的耐火砖时，为减轻停窑后的清理工作，停窑前应将窑皮烧光，由前往后烧，不允许烧耐火砖和出现红窑。煤粉作燃料时，尽量用完煤粉仓中的煤粉；如烧重油可直接熄火；

(3) 停车后，停窑4 h内，按短期停窑规定翻窑。停窑4 h后，每小时翻窑1/2～1/4转一次，直至窑壁温度降到60℃以下方可停止翻窑；

C 停窑后的检查

检查的内容与开窑前的准备工作相同，但是要特别注意对耐火砖厚度的检查，检查方法是在窑内耐火砖上打孔，测量各带耐火砖厚度，要求烧成带不小于100 mm，冷却带不小于80 mm，并且各带耐火砖不得有松动，否则应更换耐火砖，耐火砖上的钻孔在测定后用水泥补好。

12.5.3.4 回转窑的看火及喷枪岗位操作要点

看火岗位和喷枪岗位是回转窑操作岗位中最关键的岗位。主要任务是观察炉温和维护窑皮，并采取相应的措施来稳定回转窑的热工制度。

A 火焰形状的控制

看火操作方法根据火焰长短分为长火焰操作和短火焰操作。

煤粉燃烧形成的火焰，由黑段和高温段组成。火焰长短是指火焰高温段的长短。熟料窑操作选用哪种操作制度，主要是根据物料性质来确定。

根据生产经验，在熟料烧结中物料反应速度快，生料铝硅比较低，烧结温度范围较窄，宜用短火焰操作。用短火焰操作还有如下好处：

(1) 便于观察物料在烧结带的烧结情况，掌握操作主动权。

(2) 处理后结圈较为方便。

(3) 附窑皮短,来料稳定。

(4) 有利于生料加煤除硫等。

短火焰操作的缺点是:窑尾温度低,后结圈频繁等。

熟料窑采用短火焰操作,在于既要保证熟料的正常烧结,又要保证窑尾有适当的烘干能力。

火焰长短与喷煤管形状、前后风的配合、煤粉的质量等有关。

前风即一次风,它是由鼓风机风门与转速控制。在排风机抽力一定的情况下,鼓风机产生一次风增多,由冷却机来的二次风就减少,适当地加大前风,使煤粉与空气混合较好,火焰相对地可以缩短。

后风即二次风,它用排风机风门开度控制。在前风一定的情况下,后风大,则从冷却机进来的二次风多,火焰伸长。

为了保持短火焰操作,控制前风占总风量的15%~20%比较合适。此外,提高一、二次风的温度,也有利于燃烧,可以缩短火焰,节约燃料。

煤粉质量对火焰长短的影响主要是煤粉的挥发分、灰分、水分和细度等。

煤粉的挥发分高,着火速度快,火焰黑段缩短使有效火焰增长。生产中要求烧结用煤含挥发分25%~28%。

煤粉灰分高,火焰相对变长,要求灰分低于12%。

煤粉水分高,使煤粉预热时间长,火焰就长,要求煤粉含水小于2%。

煤粉粒度大,在空中燃烧的时间长,火焰也长。要求煤粉细度170号筛残留率小于12%。

B 窑内温度的判断

窑内温度可如下判断:

(1) 看带料高低:正常烧结温度,物料随窑壁带起的高度,应为窑的半径高,料块滚下散开。温度高则带料高;温度低则带料低。但温度过高或烧成带少料,液相过多,炉料在窑皮上打滑,也会带料低,要分清。

(2) 粒度:正常烧结物料粒度适当而均匀;温度低时,块度小并有较多粉料;温度高时,块度较大。

(3) 看火焰:正常温度的火焰顺畅,形状完整,粗壮有力,且火焰中心与周围亮度基本一致,位置稳定。如火焰表面有刺眼的光亮,这说明燃烧不完全;在正常操作时,火焰缩回来说明来料大;温度低时,火焰亮度减弱,黑把子伸长;温度高时,火焰亮度大,黑把子缩短,燃烧振动声较大;在温度由低升高时,火焰会向里伸长,导致后面料少,应提前减煤(油)量,防止后面烧流;在窑内混浊时,看火焰非常关键。

(4) 物料运动速度:窑内清亮时,可看到物料移动黑影。正常时,黑影窜动范围很小;如果黑影位置向前则温度低;位置向后则温度高;有的窑较深,能见度低,黑影位置看不清,可根据烧成带物料的流动速度判别温度。

(5) 看料层:在下料量固定不变时,料层均匀;如果温度低则物料容重小,料层厚;温度高则物料容重大,料层薄。

C 窑内温度的控制操作

温度控制的方法是:以调煤(油)量为主,风、下料量和窑速的调节为辅的方法进行。

正常操作控制温度的要点如下:

(1) 为使窑内温度稳定平衡,操作要防止大增大减,造成窑温大的波动。操作要勤看,早动手,小变动,小增小减,有预见地提前调节,使温度减少大的波动。

(2) 当烧成温度逐渐下降时,火焰逐渐伸长并变暗,应及时适当地增加煤(油)量;如火焰缩短，物料冒白烟，气体排不出去，可适当增加风量，以提高温度。

(3) 来料大，加大煤(油)量顶料时，要注意火焰形状，若出现火焰发散，火焰强光中带有不规则黑线条时或火焰暗红，这表明燃烧不完全，此时应适当减少煤(油)量，及时打慢车。

(4) 调节控制火焰位置，保证燃烧完全。

(5) 打慢车：当烧成带温度下降时，增加煤(油)量、风量仍不能提高温度时，应及时减慢窑速，以增加物料在窑内的停留时间来提高温度。如果打慢车不超过 10 min 能提高温度则可以不减料；如果超过 10 min，仍不能提高温度，则应按比例减料以加速提温，慢车时如果火焰伸长，应适当减少排风以稳定火焰。

(6) 掩窑(停车提温)：在打慢车时间过长，仍不能提高温度或大料涌来时，应立即采取停窑提温的措施。掩窑操作如下：

1) 先停电收尘和窑灰螺旋，减少下料量。

2) 减少排风和鼓风，稳定火点，防止火焰分割，发生事故。

3) 减少煤(油)量，为正常的 1/2～2/3，保持完全燃烧。烧成带温度逐渐上升后，再适当增加煤(油)量。

4) 窑尾温度不能超过 450℃，掩车时可根据窑尾温度，留一二支喷枪打料压温。

5) 勤翻窑，翻窑相隔时间不超过 5 min。

6) 温度提起后，及时转窑开车。

D　喷枪岗位的操作要点

喷枪岗位的主要任务是保证窑尾物料烘干良好，保证出刮料器的生料水分小于 10%。

(1) 调整喷枪的相对位置，不使从喷枪出来的生料浆的落点集中，不射到窑壁上。

(2) 经常活动喷枪，使喷枪头上和杆上结疤脱落，防止结疤阻碍生料浆的正常喷射。

(3) 发现有泥浆圈和厚结皮的形成则应及时处理。

12.5.4　回转窑的操作技术条件及熟料质量标准

我国在熟料烧结作业上总结出“三大一快”即大料、大风、大煤(油)、快速转窑的先进操作法，大风、大煤(油)可以保持短而集中有力的火焰，快速转窑可以强化热传导和加快物料的移动速度。“三大一快”的操作制度可以保证在烧结过程中生成适量的液相，窑皮易于维护，熟料质量良好，大窑稳产高产。

A　操作技术条件

操作技术条件如下：

(1) 烧结温度 1200～1250℃；

(2) 炉料配方标准见本书 11.2.3 段落；

(3) 喷枪压力 1.2～1.4 MPa，喷枪数目 3～6 支；

(4) 窑头温度 550℃左右；窑尾温度不低于 170℃，不高于 450℃；

(5) 废气温度 250℃左右；

(6) 过剩空气系数：烧煤为 1.1～1.3；烧油为 1.01～1.03。

B　熟料质量标准

熟料质量标准如下：

(1) 熟料中的 Al_2O_3 含量为 34%～35.5%；

(2) 熟料中 Fe_2O_3 含量不小于 4.0%；

(3) 熟料中二价硫(S^{2-})含量不小于 0.3%;
(4) 熟料的容重在 1.2～1.25 kg/L(粒度为 3～10 mm);
(5) 熟料 Al_2O_3 标准溶出率大于 96%,Na_2O 标准溶出率大于 97%;
(6) 破碎后熟料粒度小于 80 mm;
(7) 熟料必须正烧结,外观为灰黑色,砸开后为黑心多孔,严防跑黄料;
(8) 熟料温度小于 350℃;
(9) 熟料铝硅比 3.2±0.1。

12.5.5 回转窑常见故障的发生原因与处理方法

A 燃烧不完全(跑煤或油)

指煤(油)燃烧不完全,而以煤粉(油滴)和一氧化碳形态随同废气一起排出熟料窑。

燃烧不完全时有如下现象:
(1) 烧成带温度低;
(2) 火焰内有闪烁暗红发亮的丝状火焰;
(3) 窑灰带黑色;
(4) 看火孔内见到熟料中偶然有煤粒(油滴)燃烧;
(5) 烟囱冒黑烟。

故障发生原因如下:
(1) 前风不足使煤(油)与空气混合不好;
(2) 烧结带温度低,煤(油)不能很好燃烧;
(3) 通风不好,过剩空气系数降低:排风机没开大或损坏;烟道堵塞或漏风严重;窑内有后结圈或泥浆圈。

故障处理方法如下:
(1) 首先停电收尘;
(2) 前后风不足时,应适当调整并消除通风不良的原因;
(3) 如烧结带温度低时,可采取调整用煤(油)量、慢车或掩车提高烧结带温度;
(4) 通风不好时,检查排风机、烟道、窑内是否有后结圈或泥浆圈,具体情况具体处理。

B 跑黄料

指经过烧结带的物料没有完成烧结反应,得到的是不合格的熟料。随着跑黄料发生,会出现不同程度的跑煤(油)现象。

跑黄料时有如下现象:刚开始时,烧结带物料发散,窑内发浑,熟料容重降低,严重时,窑内浑浊到看不清烧结带情况的程度,从冷却机出来的料呈黄白色粉末,故称为黄料。

故障发生原因如下:

窑内各带温度普遍降低,造成温度下降的原因有:
(1) 烘干不好,积料和放窑灰不均或塌灰,使熟料窑的各带前移;
(2) 烧结温度控制不均和烧结带温度长时间偏低。

故障处理方法如下:
(1) 不严重时,可适当调整用煤(油)量及前后风量进行提温;
(2) 严重时进行慢车甚至掩车处理。

C 结圈

物料烧结过程中,由于液相出现过多并凝结在烧成带前后两端,形成致密而高于窑皮的结圈,称为前结圈和后结圈,结圈对熟料窑的生产影响很大。结圈的厚度高出窑皮1~2倍,使窑内通风面积缩小,导致窑内通风不良,破坏了窑的热工制度,严重时无法操作,同时也会威胁安全生产,如造成电收尘爆炸事故。

结圈分为前结圈和后结圈。

前结圈的现象是从看火孔会看到窑皮前端明显有一圈高出窑皮的凝结物。

后结圈的现象是:

(1) 通风不良,负压升高,燃烧不完全;

(2) 窑内料层不均匀,忽大忽小,窑灰量增多;

(3) 火焰缩短,窑尾温度下降,窑头温度上升;

故障发生原因如下:

(1) 物料的铝硅比小于2.6、铁铝比大于0.15时或碱比小于0.9以下时,烧成带液相过多;

(2) 喂料不均,料层不匀,使火焰位置伸长或缩短进行波动,结圈处温差大,液相产生和凝固交替进行。

故障处理方法是采用将高温点移到结圈处使粘料一层层烧掉的方法。烧除结圈有“急烧”和“缓烧”两种方法,缓烧比急烧优越。缓烧可防止物料烧流,窑皮损失程度小。前后圈的处理并不相同。如两圈同时出现,则先烧前结圈。

(1) 前结圈的处理方法

将火焰缩回,关小排风,增大前风,使火焰集中压在前结圈上,采取滚剥方式,使之烘烤软化,然后再提高温度,使粘料在结圈上滚动成块,防止烧流。控制高温区在结圈处,如高温区渐渐扩展到窑皮中心时,应适当让生料靠前来降低温度,缩短高温区,然后再局部提温,这样往返处理,直到结圈烧矮为止。处理过程中要注意:尽量保持完全烧除;注意烘干带温度,防止流浆;掌握窑皮情况,防止烧流和红窑。

结圈处理完毕,要立即恢复正常操作。

(2) 后结圈的处理方法

当后结圈距窑头不超过15 m,高度不超过800 mm时,则伸长煤管(油作燃料可伸长风管)使火焰位置位于后结圈,以偏高的温度处理4~6 h即可烧除,烧除后立即调整为正常操作条件,以正常火焰位置操作;当后结圈较为严重时,可先减少下料量,再伸长煤管(油作燃料可伸长风管)使火焰位置位于后结圈上并加大排风进行烧除,当后结圈温度升高后,物料会烧黏随熟料滚出。为避免高温区积料而损伤窑皮,应将黏料放出后,再在结圈处提温,这样往返几次方可保护窑皮,提高处理效果。在处理过程中,尾温不得超过450℃,排风机进口废气温度不得超过300℃。后结圈烧除后,要立即恢复正常操作。

D　窑皮过薄

窑皮过薄故障的现象是:

(1) 窑皮厚度小于150 mm;

(2) 烧成带窑壳温度高于280℃以上。

故障发生原因如下:

(1) 烧前后结圈及大蛋时,操作不当;

(2) 操作不稳,温度不稳,高温顶烧;

(3) 火焰过长,周期性来大料,窑内混浊,使控制温度的操作滞后;

(4) 火焰过于集中,烧成带热力强度过高;

(5) 火焰窜动或温度忽高忽低使窑皮脱落。

故障处理方法是在处理完结圈及大蛋,稳定了窑的热工制度后,再通过降低烧成带热负荷进行补挂窑皮。

E 窑皮过厚

窑皮过厚使烧成带有效空间减少,影响正常生产。其现象是:

(1) 窑皮厚度大于 300 mm;

(2) 烧成带窑壳温度低于 180℃ 以下。

故障发生原因是烧成带温度过低。

故障处理方法是采取“分层剥皮”的方法进行处理。烧除时,通过变动风量和煤管(风管)位置,由前向后烧,逐步烧除。

F 窑皮脱落

故障发生原因如下:

(1) 挂窑皮时控制不好,使窑皮薄且强度小,因而被高温熟料粘掉;

(2) 耐火砖过薄,散热太快,使窑皮温差过大,热胀冷缩使窑皮脱落;

(3) 开停窑次数多,急冷急热使窑皮脱落。

故障处理方法如下:

(1) 移动火焰位置补挂,必要时可适当减料以降低热负荷;

(2) 应稳定火焰,保持窑皮温度;在开停窑时,要缓慢升温和降温。

G 大蛋

窑内物料粘结形成大的球状物,影响窑内气流的正常运动。其现象是:

(1) 火焰不正常,忽长忽短,火焰尖端打旋并发出呼呼响声;

(2) 窑尾负压大并且跳动;

(3) 窑电流高并且波动;

(4) 窑壳外面有时可听到震动响声。

故障发生原因是当窑皮后部较高部位(附窑皮)脱落后,被厚窑皮或后结圈拉住,不能及时滚出,时间长了,就滚成了大蛋。

故障处理方法如下:

(1) 观察大蛋位置,如在窑皮后面可将后结圈烧矮放出;

(2) 如烧成带有蛋,而因前结圈高不易放出来时,应先将前结圈烧矮再放出;

(3) 如大蛋到烧成带,直径达 1 m 以上,一般采取掩车烧除,待烧至小于 800 mm 后放出;

(4) 及时修整窑皮;

(5) 防止短厚窑皮和后结圈长高,是预防大蛋的最有效措施。

H 泥浆圈

在窑尾生料浆粘结在窑壁上,形成一圈料浆层。其现象是:

(1) 刮料器滚动声音不正常;

(2) 烘干带料样水分不均,潮湿多块;

(3) 窑尾负压升高;

(4) 烘干带窑壁温度低;

(5) 窑尾温度低。

故障发生原因是喷入料浆不能及时烘干所致。造成的原因有:

(1) 喷枪位置不当,直接将料浆喷在窑壁上或料浆落点集中;

(2) 雾化器不好；

(3) 料浆水分过大；

(4) 后结圈严重，通风不良，使窑尾温度低；

(5) 喷枪头磨损；

(6) 收尘系统或窑灰系统有问题，使窑灰量少或缺窑灰，没有及时减料。

故障处理方法如下：

(1) 调整喷枪位置，或更换雾化器；

(2) 当结圈严重时，应适当减料，提高窑尾温度，但最高不超过400～450℃；

(3) 采取相应措施无效后，停窑处理。

I 窑尾结皮

窑尾设备结皮是指未烘干的入窑料浆粘结在窑尾罩，窑灰下料管和喷枪托架上。窑尾设备结皮会严重影响窑内的通风条件，使窑尾温度下降，甚至影响料浆喷枪的正确位置。

故障发生原因如下：

(1) 料浆水分过大，不能及时烘干；

(2) 拉风大，雾化料浆未被完全烘干就被抽走。

故障处理方法是：控制料浆水分，如果过大，则采取减少下料量，减少风速，提高压力加大料浆射程。有窑皮时，人工处理。

J 红窑

红窑是回转窑操作中的重大事故，应尽力避免。其现象是能看到窑外壁发红。

故障发生原因如下：

(1) 烧成带被高温烧红；

(2) 小面积掉砖烧红。

故障处理方法如下：

(1) 烧成带红窑，立即停火，并继续转窑，将料转出后停车，可不停排风，待直观不红时再停；

(2) 掉砖烧红是在烧成带后部时，如果面积小于1 m^2，可采取短火焰操作，降低该处温度维持现状；如果烧红面积继续扩大，则停窑补砖；

(3) 预防红窑的措施有：定期用红外线测温仪测量窑体温度，如有高温处，采用补挂窑皮的方法事先处理，不使回转窑发生红窑现象。

K 电收尘爆炸

原因为燃料燃烧不完全。

L 排风机事故

常见的有设备磨损、燃料燃烧不完全和废气温度过高等原因所导致的事故。

复习思考题

12-1 炉料烧结过程的目的是什么？

12-2 解释熟料容重，熟料中负二价硫含量、熟料氧化铝（或氧化钠）标准溶出率的概念？

12-3 熟料质量的各项指标的高低对生产有何影响？

12-4 写出熟料烧结过程中主要化学反应式？

12-5 熟料中的氧化硅是以什么状态存在的?

12-6 熟料窑从窑尾至窑头按物料物理化学变化的不同可划分为哪几个带,各带的主要作用是什么?

12-7 熟料烧结过程有可能会出现哪几种类型的熟料,它们的物理性质有何区别?

12-8 什么是正烧结温度和烧结温度范围?

12-9 硫对氧化铝生产过程有什么危害?

12-10 写出生料加煤排硫的原理,熟料烧结过程中怎样提高硫的还原率?

12-11 烧结法生料加煤对氧化铝生产过程有哪些作用?

12-12 什么是碱-石灰-铝土矿炉料的饱和配方和非饱和配方,这两种配方制度各有什么优缺点?

12-13 什么是一次风和二次风?

12-14 写出熟料烧结正常生产控制的技术条件。

12-15 如何观察判断熟料烧结窑内烧结带的温度是否正常?

12-16 操作者应采取哪些手段控制熟料窑内的温度?

12-17 什么叫窑皮,熟料窑挂窑皮有哪三定?

12-18 挂好窑皮以及维护好窑皮对熟料窑生产有什么作用?

13 熟料溶出

熟料溶出是碱-石灰烧结法生产氧化铝工艺中的一个重要部分，用由赤泥洗液、碳分母液和氢氧化铝洗液组成的稀碱溶液对熟料进行溶出。目的是使熟料中的Al_2O_3和Na_2O尽可能完全地转入溶液，而与由杂质组成的赤泥分离。

13.1 衡量熟料溶出效果的指标

熟料溶出作业的效果通常是由熟料的Al_2O_3净溶出率和Na_2O净溶出率等两个指标来衡量。

Al_2O_3净溶出率的计算公式如下：

$$\eta_{A净} = \frac{A_{熟} - A_{赤} \cdot \dfrac{C_{熟}}{C_{赤}}}{A_{熟}} \times 100\%$$

Na_2O净溶出率的计算公式如下：

$$\eta_{N净} = \frac{N_{熟} - N_{赤} \cdot \dfrac{C_{熟}}{C_{赤}}}{N_{熟}} \times 100\%$$

式中　$A_{熟}$、$A_{赤}$——熟料和弃赤泥中所含Al_2O_3的质量分数，%；

$N_{熟}$、$N_{赤}$——熟料和弃赤泥中所含Na_2O的质量分数，%；

$C_{熟}$、$C_{赤}$——熟料和弃赤泥中所含CaO的质量分数，%。

上式的计算基础是熟料中的钙盐不溶于铝酸钠溶液，熟料中所含氧化钙的质量(t)与赤泥所含氧化钙的质量(t)相等。

当熟料的标准溶出率基本固定时，Al_2O_3和Na_2O净溶出率越高，就表示溶出过程中Al_2O_3的损失($\Delta\eta_A = \eta_{A标} - \eta_{A净}$)和$Na_2O$的损失($\Delta\eta_N = \eta_{N标} - \eta_{N净}$)就越少，也就是表示溶出效果越好。

在工业生产中，通常把熟料中的Al_2O_3和Na_2O的标准溶率和净溶出率的差值($\Delta\eta_A$和$\Delta\eta_N$)称作溶出过程的二次化学反应损失，而把在烧结过程中没有生成相应的铝酸钠和铁酸钠所造成的Al_2O_3损失(100% − Al_2O_3的标准溶出率)和Na_2O损失(100% − Na_2O的标准溶出率)称作一次化学损失。

13.2 熟料溶出过程的反应

生产中把熟料中的Al_2O_3和Na_2O进入溶液的反应称作主反应，也叫一次反应。把原硅酸钙与铝酸钠溶液的反应称作副反应，也叫二次反应。

13.2.1 熟料溶出过程的主反应

A　铝酸钠固体的溶解反应

熟料中固体铝酸钠($Na_2O \cdot Al_2O_3$)很容易溶于水和稀碱溶液。磨细的熟料在90℃下，其中的$Na_2O \cdot Al_2O_3$在3～5 min内便能完全溶出来，以$NaAl(OH)_4$的形态进入溶液，得到Al_2O_3浓度为120 g/L的铝酸钠溶液。化学反应式如下：

$$Na_2O \cdot Al_2O_3 + 4H_2O \longrightarrow 2NaAl(OH)_4$$

B 铁酸钠固体的溶解反应

固体铁酸钠在水中是极不稳定的，遇水接触立即发生水解，生成 NaOH 和 $Fe_2O_3 \cdot 3H_2O$。反应式如下：

$$Na_2O \cdot Fe_2O_3 + 4H_2O \longrightarrow 2NaOH + Fe_2O_3 \cdot 3H_2O \downarrow$$

生成的 NaOH 进入溶液，提高了溶液的苛性比值，从而提高了铝酸钠溶液的稳定性和 Na_2O 溶出率，生成的 $Fe_2O_3 \cdot 3H_2O$ 沉淀组成了赤泥的一部分。

C 硫酸钠和硫化钠、硫化铁

硫酸钠和硫化钠在溶出时会全部溶解进入溶液，其中硫化钠最终会被氧化为硫酸钠；硫化铁不溶解进入赤泥排掉。

13.2.2 熟料溶出过程的副反应

在溶出过程中原硅酸钙会与铝酸钠溶液的各组分发生相互反应，生成含有 Al_2O_3 或同时含有 Al_2O_3 和 Na_2O 的不溶性物质而进入赤泥，造成 Al_2O_3 和 Na_2O 的损失，这就是二次化学反应损失。

化学反应过程如下：

$$2CaO \cdot SiO_2 + 2NaOH + aq \longrightarrow Na_2SiO_3 + 2Ca(OH)_2 + aq$$

$$3Ca(OH)_2 + 2NaAl(OH)_4 + aq \longrightarrow 3CaO \cdot Al_2O_3 \cdot 6H_2O \downarrow + 2NaOH + aq$$

$$3CaO \cdot Al_2O_3 \cdot 6H_2O + xNa_2SiO_3 + aq \longrightarrow 3CaO \cdot Al_2O_3 \cdot xSiO_2 \cdot (6-2x)H_2O + 2xNaOH + aq$$

通过上述副反应，溶液中的 Al_2O_3 和 Na_2O 就会以铝酸钙和水化石榴石的形式进入赤泥而损失掉，使熟料中的 Al_2O_3 和 Na_2O 在实际溶出时的净溶出率要小于标准溶出率。

13.3 影响溶出过程的因素

13.3.1 熟料配方的影响

A 铝硅比

熟料铝硅比低，说明熟料中原硅酸钙含量高，因而在溶出时二次反应也比较强烈，使二次反应损失增大，氧化铝和氧化钠的净溶出率降低。

B 碱比和钙比

高碱配方的熟料，氧化钠溶出率低，并且还会引起溶出液苛性比值升高，增加二次反应损失。

高钙配方的熟料，生成铝酸钙的可能性大，造成氧化铝损失也大；同时苛化反应增加，会使溶出液的苛性比值升高，增加二次反应损失；熟料中游离氧化钙多，会使赤泥溶剂化，造成沉降性能恶化，造成熟料溶出率降低。

低碱、低钙配方的熟料，使生料中的氧化钠不足以使全部氧化铝和氧化铁变成铝酸钠和铁酸钠，生料中氧化钙也不足以使全部二氧化硅变为原硅酸钙，造成氧化铝、氧化钠的一次化学损失增加，标准溶出率降低。

C 生料加煤

生料加煤除能改善窑内的热工制度，提高窑的产能以及脱硫等许多优点之外，还能使熟料孔隙度较大，质量较好，湿磨后的赤泥粒度不出现两极分化现象，改善了赤泥沉降性能，抑制了二次反应，提高了溶出率。

13.3.2 溶出条件的影响

A 温度

温度和时间直接影响化学反应速度。

温度高时,主副化学反应的速度都会加快。温度越高,二次反应越多,净溶出率越低。

但温度如果过低,溶出不完全,溶液黏度增加使赤泥沉降性能会变坏,反而延长了赤泥与溶液的接触时间,同样造成 Al_2O_3和 Na_2O 的损失。

但是,溶出温度受到熟料温度影响,溶出温度偏高,平均在 95℃。

B Na_2O_k浓度

溶出液 Na_2O_k浓度越高,二次反应就会越多,二次反应损失越大。但 Na_2O_k浓度取决于氧化铝浓度和苛性比值,当氧化铝浓度给定的情况下,苛性比值越小,则 Na_2O_k浓度越低。在碱-石灰烧结法的溶出液中,生产上氧化铝浓度一般在 120 g/L 左右,同时由于溶液中溶有大量的 SiO_2,使溶液的苛性比值能降到 1.25 左右而不分解,这样使溶液的 Na_2O_k浓度由 110 g/L 降为 90 g/L,降低了二次反应程度。此时,Na_2O_k浓度如果再低,溶液就会发生分解。

C 碳酸钠浓度

碳酸钠在溶出时的作用有两个方面:

一方面碳酸钠会分解原硅酸钙生成铝硅酸钠造成氧化铝和氧化钠的损失。

$$1.7(2CaOSiO_2) + 3.4Na_2CO_3 + 2NaAl(OH)_4 + aq$$

$$=\!=\!= Na_2O \cdot Al_2O_3 \cdot 1.7SiO_2 \cdot nH_2O + 3.4CaCO_3 + 6.8NaOH + aq$$

但另一方面碳酸钠又会与 $Ca(OH)_2$反应生成 $CaCO_3$,从而抑制二次反应,并且还能分解二次反应产物铝硅酸钙,降低氧化铝的损失。

$$Ca(OH)_2 + Na_2CO_3 + aq =\!=\!= CaCO_3 + 2NaOH + aq$$

$$3CaO \cdot Al_2O_3 \cdot xSiO \cdot (6-2x)H_2O + 3Na_2CO_3 + aq =\!=\!=$$

$$(Na_2O \cdot Al_2O_3 \cdot 1.7SiO_2 \cdot nH_2O) + 3CaCO_3 + (2-x)NaAl(OH)_4 + 4NaOH + aq$$

另外,实践证明,碳酸钠能够起到抑制赤泥膨胀的作用。在赤泥沉降分离时,在碳酸钠浓度为 18 g/L 时,赤泥的沉降性能就会恶化,当碳酸钠浓度低于 12 g/L 时,短时间内就会发生赤泥膨胀,如果处理不当,就会堵槽。

所以生产上,为降低二次反应生成铝硅酸钙所造成的氧化铝损失,在不大幅度增加铝硅酸钠生成的条件下,溶出时要保持一定的碳酸钠质量浓度:22～27 g/L。

D 溶出液固比与赤泥含量

溶出液固比是指入磨调整液的体积与加入熟料质量的比值。

溶出后部分熟料转化为赤泥,用单位体积(L)浆液含赤泥的克数来表示,叫作赤泥含量。

入磨液固比越小,赤泥含量就会越高,固体数量越多,固体表面积越大,二次反应损失也就越大,从而降低了 Al_2O_3和 Na_2O 的溶出率。

E 溶出时间

溶出时间是指从熟料开始入磨直至溶液与赤泥分离所需要的时间,即溶液与赤泥接触的时间。溶出时间越长,二次反应损失越大。所以生产上要尽可能缩短溶出时间。

F 熟料的磨细度

溶出反应与二次反应都是液相与固相之间的反应,固相的表面状态对溶出过程影响很大。

粒度太粗，会使铝酸钠溶出不完全，粒度太细，又会大大增加二次反应，甚至使赤泥丧失沉降能力，发生膨胀或粘结的现象。

13.3.3 减少二次反应损失的措施

减少二次反应损失的措施如下：

(1) 采用低苛性比值溶出，苛性比值控制在1.25左右，减少溶液中游离的苛性碱浓度；

(2) 控制一定量的 Na_2CO_3 质量浓度，Na_2O_c 质量浓度控制在22～27 g/L；

(3) 采用二段磨溶出流程；

(4) 在不显著影响赤泥沉降速度的前提下，采用偏低的溶出温度，控制温度不超过95℃；

(5) 快速分离赤泥，减少溶液与赤泥的接触时间和面积。

13.4 熟料溶出工艺

13.4.1 熟料溶出流程

熟料溶出流程在工业上有“一段磨料”和“二段磨料”两种工艺流程。“一段磨料”工艺流程是指熟料的磨细作业在一个球磨机内完成，排出料中的不合格料浆重返湿磨（球磨机）进行粉碎。料浆成闭路操作。“二段磨料”工艺流程是在一段磨内用调整液快速溶出熟料，然后将一段磨溶出的粗粒赤泥送进二段磨用稀碱溶液（氢氧化铝洗液和赤泥洗液）进行二段溶出。一段细粒赤泥直接进行沉降分离。

目前“一段磨料”工艺流程在我国的氧化铝厂没有使用，我国的氧化铝厂采用的是“二段磨料”工艺流程。流程见图13-1所示。

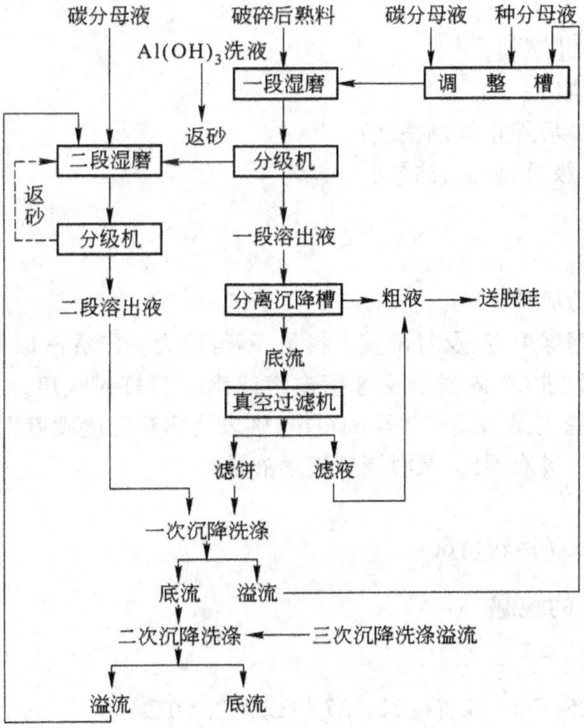

图13-1 二段磨料工艺流程

“二段磨料”工艺流程的特点是只有一部分赤泥（固含约60～80 g/L，液固比14～15）进入沉降槽进行快速分离,然后底流经过过滤机分离赤泥,赤泥的其余部分经过二段磨料继续溶出。一段溶出液赤泥含量少,赤泥沉降速度快,赤泥与溶液的接触时间大为缩短,分离温度由原来80～85℃降到70～75℃。溢流也不跑浑,所有这些都大大降低了二次反应损失。这样即使在接触时间相同的情况下,氧化铝与氧化钠的损失也比“一段磨料”要小,氧化铝的净溶出率能由“一段磨料”的73%提高到86%,如果再采取“低苛性比值”的溶出条件,则会进一步降低了二次反应损失,使氧化铝净溶出率提高到90%左右。

在溶出过程中所用的调整液主要是由碳分母液、赤泥洗液和氢氧化铝洗液所组成,有时为提高溶出液的苛性比值,也配入一部分种分母液。

13.4.2 熟料溶出操作

A 开车

开车步骤如下:

(1) 检查各个设备是否完好;检查电气系统、润滑系统;

(2) 开启油泵;

(3) 开磨运转;

(4) 加入调整液;

(5) 液量正常后开分级机;

(6) 返砂流槽畅通后,通知板式机下料;

(7) 停车4 h以上时,分级机要将料放净。

B 停车

停车步骤如下:

(1) 接到通知后,停止下料;

(2) 继续用调整液刷磨;

(3) 当分级机无返砂后停止加调整液;

(4) 同时,依次停分级机、磨机、油泵。

C 正常操作

正常操作如下:

(1) 保证磨机满负荷运转;

(2) 经常倾听磨内钢球声音,及时调整下料量,不得跑大块(5 mm以上)及无过磨现象,使赤泥颗粒保持良好的沉降性能(磨内发出钢球撞击声或钢球撞打衬板声,则表明熟料粒度硬度变小,此时要增加下料量;磨内发出闷声甚至倒料声,则表明熟料粒度硬度大,此时要减少下料量);

(3) 与沉降槽联系进料液固比,及时调整进磨液量;

(4) 定时补充钢球;

(5) 注意循环检查设备运转情况。

13.4.3 溶出技术条件的控制

溶出技术条件控制如下:

(1) 调整液:Al_2O_3 25～35 g/L,Nc 22～27 g/L,温度60℃;

(2) 溶出液(g/L):Al_2O_3 120 g/L左右,苛性比值1.2～1.25;

(3) 溶出温度85～95℃;

(4) 入磨液固比:3.3～3.5;

(5) 一段磨分级机溢流赤泥含量小于 90 g/L;

(6) 一段赤泥细度:+60 号筛小于 15%,+170 号筛大于 15%。

13.4.4 熟料溶出常见故障的发生原因与处理方法

A 磨机排大块(跑粗)

故障发生原因如下:

(1) 熟料温度低,溶出不畅;

(2) 熟料硬度大;

(3) 熟料加得过多。

故障处理方法如下:

(1) 熟料温度低,则停止下料;

(2) 熟料硬度大或加得过多,则通知减小下料量。

B 返砂流槽堵

故障发生原因是磨机排大块。

故障处理方法如下:

(1) 用铁棍捅开;

(2) 开大入磨液量进行冲刷。

C 堵给矿机

故障发生原因是入磨物料有杂物或大块。

故障处理方法是先停料停液再进行处理。

13.5 碱-石灰烧结法的赤泥分离与洗涤

碱-石灰烧结法的赤泥分离及洗涤与拜耳法的赤泥分离及洗涤工艺流程大体相同,均用沉降槽进行,只是控制的技术条件有所不同。但碱-石灰烧结法的赤泥分离时特别要注意赤泥的膨胀。由于二次反应和钙比过大所造成的游离氧化钙会造成赤泥溶剂化,使分离时出现赤泥膨胀现象的可能性增加,所以要在配料时控制钙比,在烧结时严禁跑黄料,在溶出时调整液保持一定的碳酸钠浓度。出现赤泥膨胀现象时,通过调整熟料配方、下料量、调整液的碳酸钠浓度、拉大底流等措施具体处理。

复习思考题

13-1 熟料溶出的目的是什么?

13-2 写出熟料溶出过程的两个主要反应式。

13-3 什么叫做熟料溶出的二次反应和二次反应损失?

13-4 二次反应的实质是什么?

13-5 什么叫熟料溶出过程的净溶出率,影响净溶出率的因素有哪些?

13-6 进入溶出湿磨的物料有哪些,调整液由哪些溶液所组成?

14　铝酸钠溶液的脱硅

在碱-石灰烧结法生产氧化铝流程中的熟料溶出过程中，由于$2CaO\cdot SiO_2$与铝酸钠溶液作用而被分解，使SiO_2以硅酸钠(Na_2SiO_3)形式进入溶液，从而使得到的铝酸钠溶液中溶解有较多的SiO_2。例如，熟料在80℃下进行湿磨溶出时，得到Al_2O_3浓度为120 g/L，苛性比值1.25左右的铝酸钠溶液，其中SiO_2含量高达4.5 g/L以上，超过相应条件下SiO_2平衡浓度的十多倍，呈过饱和状态。这种铝酸钠溶液无论用碳酸化分解或晶种搅拌分解，都会有较多的含水铝硅酸钠($Na_2O\cdot Al_2O_3\cdot 1.7SiO_2\cdot nH_2O$)随同氢氧化铝一起析出，使得成品氧化铝不符合质量要求。所以，熟料溶出的铝酸钠溶液在分解之前必须进行脱硅处理，使溶液中以过饱和状态存在的SiO_2尽可能地清除。这一点对碳酸化分解尤其关键，脱硅程度越彻底，溶液的硅量指数就越高，碳分分解率和产品质量就会越高。

拜耳法生产氧化铝流程中由于在经过高压溶出后，SiO_2大多已经进入赤泥，溶液的硅量指数一般在300以上，已能保证晶种分解的产品质量，所以不设专门的脱硅工序。但为了减轻设备上的结疤现象，通常会在稀释槽中添加石灰以便进一步脱硅，使溶液的硅量指数进一步提高。

14.1　脱硅机理

目前，工业上采用的脱硅方法有两种：不加石灰使溶液中的SiO_2以含水铝硅酸钠形式析出；添加石灰使溶液中的SiO_2以水化石榴石($3CaO\cdot Al_2O_3\cdot xSiO_2\cdot(6-2x)H_2O$)形式析出。

14.1.1　不添加石灰的脱硅机理

通过控制一定的条件使溶液中的SiO_2以含水铝硅酸钠形式自发析出。反应式如下：

$$1.7Na_2SiO_3+2NaAl(OH)_4+aq=Na_2O\cdot Al_2O_3\cdot 1.7SiO_2\cdot nH_2O+3.4NaOH+aq$$

采用这种方法进行脱硅，则脱硅的最大限度取决于在该条件下含水铝硅酸钠在溶液中的溶解度大小。图14-1为SiO_2在70℃下的铝酸钠溶液($\alpha_K=1.7\sim2.0$)中的溶解情况。

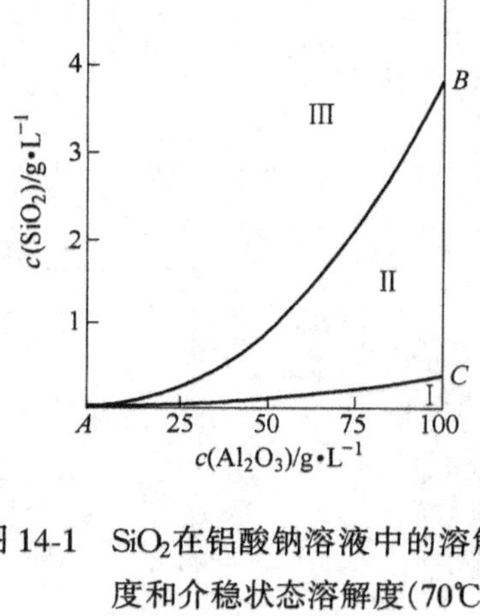

图14-1　SiO_2在铝酸钠溶液中的溶解度和介稳状态溶解度(70℃)

曲线AB是搅拌1～2 h后SiO_2在铝酸钠溶液中的介稳溶解度曲线。曲线AC是搅拌5～6昼夜后SiO_2在铝酸钠溶液中的平衡溶解度曲线。这两支曲线将此图分成三个区域：Ⅰ区为SiO_2未饱和区；Ⅱ区为SiO_2的介稳平衡区，该区溶液中的SiO_2在热力学上虽属于不稳定状态，但是在不加晶种，特别是低于70℃时，含水铝硅酸钠析出速度相当缓慢；Ⅲ区为SiO_2在70℃下的过饱和区，其中过量的SiO_2迅速形成含水铝硅酸钠沉淀析出。曲线AB表示SiO_2在铝酸钠溶液中含量的最高限度。熟料溶出后，粗液中的SiO_2含量大体上接近这一极限含量。

从上面分析可知，粗液中的SiO_2含量是处于过饱和状态的，所以在不添加石灰的情况下就要考虑哪些因素会使

SiO_2过饱和的溶液更快、更深地析出含水铝硅酸钠。

14.1.2 不添加石灰进行脱硅的影响因素

(1) 温度。含水铝硅酸钠在溶液中的溶解度随温度的升高而增大。但是由于实际中,SiO_2在铝酸钠溶液中是处于介稳状态,温度的提高会加大SiO_2以含水铝硅酸钠析出的速度,而对SiO_2溶解度的影响较弱,所以提高温度会加大脱硅深度。

(2) 溶液的Al_2O_3浓度。在生产条件下,含水铝硅酸钠在溶液中的溶解度随溶液Al_2O_3浓度的降低而降低,但是,由于溶液Al_2O_3浓度在熟料溶出时已确定,所以在脱硅过程中,考虑溶液Al_2O_3浓度的变化没有意义。

(3) 溶液的Na_2O_k浓度。在溶液的Al_2O_3浓度一定时,含水铝硅酸钠在溶液中的溶解度随Na_2O_k浓度(也就是苛性比值)的增加而增加。所以,生产上在保证溶液在脱硅和硅渣分离过程中有足够的稳定性的前提下,脱硅溶液的苛性比值要尽可能低,这样脱硅效果才能更好。

(4) 溶液的Na_2CO_3浓度。常温下,含水铝硅酸钠在溶液中的溶解度随Na_2CO_3浓度的增加而降低。但在高温或Na_2CO_3浓度超过10g/L以后,影响并不显著。

(5) 脱硅时间。在相同的条件下,脱硅时间越长,脱硅程度越深。

(6) 搅拌。搅拌会使含水铝硅酸钠的结晶长大速度加快,有利于脱硅的进行。脱硅的搅拌通常是蒸气直接加热进行。

(7) 晶种。与晶种分解一样,在含水铝硅酸钠析出过程中,自发成核非常困难,添加晶种能使这个过程避免,含水铝硅酸钠能直接在晶种上析出长大,有利于脱硅。作为晶种的有硅渣和拜耳法赤泥。

14.1.3 添加石灰的脱硅机理

不添加石灰进行脱硅,得到的溶液硅量指数不会超过500。为了进一步提高溶液硅量指数,添加石灰使溶液中的SiO_2以溶解度更低的水化石榴石形式析出,这样溶液的硅量指数能达到1000以上。

添加石灰的脱硅反应式如下:

$$3Ca(OH)_2 + 2NaAl(OH)_4 + aq = 3CaO\cdot Al_2O_3\cdot 6H_2O\downarrow + 2NaOH + aq$$

$$3CaO\cdot Al_2O_3\cdot 6H_2O + xNa_2SiO_3 + aq = 3CaO\cdot Al_2O_3\cdot xSiO_2\cdot(6-2x)H_2O + 2xNaOH + aq$$

(其中x称作饱和度,随温度升高而升高,在生产条件下约为0.1～0.2之间)

从水化石榴石的分子式可看出:CaO与SiO_2的量之比为15～30,Al_2O_3与SiO_2的量之比为5～10,如果溶液中的SiO_2完全是以水化石榴石形式脱除,与含水铝硅酸钠相比,则会消耗大量的石灰,同时也会造成更多的Al_2O_3损失。所以生产中一般是在溶液中的SiO_2大部分以含水铝硅酸钠析出以后,再添加石灰进行深度脱硅(二次脱硅),以减少Al_2O_3的损失。

14.1.4 添加石灰进行脱硅的影响因素

(1) 温度。添加石灰进行脱硅的析出速度及脱硅深度随温度的升高而增加。

(2) 溶液的Al_2O_3浓度和Na_2O_k浓度。随着溶液的Al_2O_3浓度和Na_2O_k浓度的增加,硅量指数会降低,脱硅程度下降。

(3) 溶液的Na_2CO_3浓度。随溶液Na_2CO_3浓度的提高,脱硅程度会降低。原因是:一方面Na_2CO_3可以分解水化石榴石;另一方面是Na_2CO_3与$Ca(OH)_2$进行苛化反应,提高了Na_2O_k浓度,更不利于脱硅的进行。

(4) 添加石灰量和石灰质量。添加石灰的量越多,脱硅程度会越深。但是也会造成更多的 Al_2O_3损失,所以,控制石灰中的有效 CaO 与脱硅前溶液所含 SiO_2的量之比为 10～30 之间。

14.2　脱硅工艺

我国生产氧化铝的烧结法流程中,粗液脱硅有采用“一段脱硅”法的,也有采用“二段脱硅”法的。具体情况不同,选择的脱硅流程也会不同。

14.2.1　一段脱硅工艺

一段脱硅工艺流程的特点是用脱硅机在高温高压下连续或间断压煮脱硅,为加速脱硅和避免脱硅后铝酸钠溶液不稳定发生分解,要在脱硅溶液进脱硅机前(或后)加入种分母液和硅渣(或拜耳法赤泥)。

一段脱硅工艺流程见图 14-2 所示。

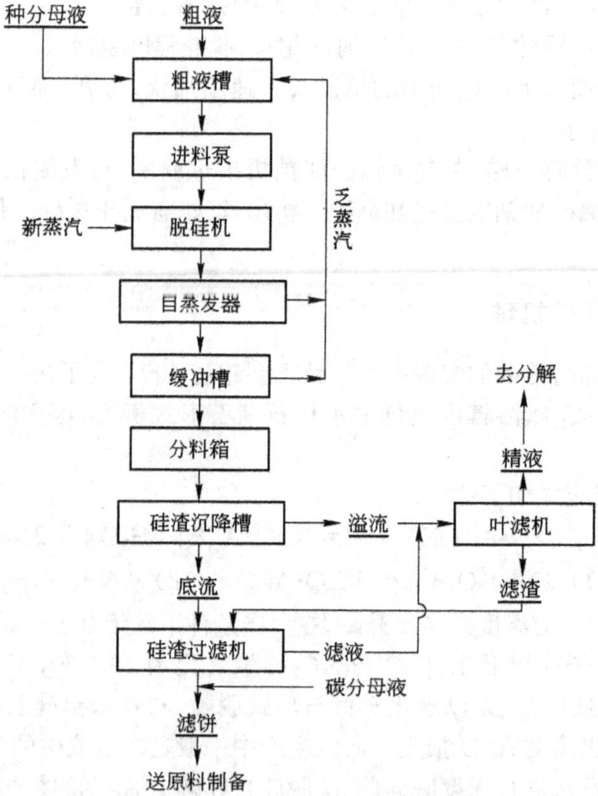

图 14-2　一段脱硅工艺流程

A　添加种分母液的作用

熟料溶出过程中,为了防止和减少二次反应损失,提高氧化铝和氧化钠的净溶出率,采用的是低苛性比值溶出制度。由于粗液中含有较多的 SiO_2(一般为 4～6 g/L),虽然苛性比值降至 1.20～1.25 左右,在赤泥分离和洗涤过程中仍能保持足够的稳定性。但在脱硅时,溶液中大部分的 SiO_2以硅渣形式析出,使溶液中的 SiO_2含量大为降低(一般到 0.2～0.3 g/L)。因此,如果不加种分母液，则在硅渣分离时，特别是精液叶滤过程中，低苛性比值的铝酸钠溶液将失去足够的稳定性而自行分解析出氢氧化铝，造成叶滤机硅渣结硬，影响叶滤作业的正常进行。所以，在生产上为了防止硅渣分离及叶滤过程中铝酸钠溶液分解，采用脱硅加种分母液的办法，使溶液的苛性比值提高到1.50以上，以保持溶液在生产条件下具有足够的稳定性。

种分母液的加入有脱硅前加与脱硅后加两种方法。所谓脱硅前加，就是将需加的种分母液与粗液按苛性比值要求配好以后一同进入脱硅机；所谓脱硅后加，就是按苛性比值要求将需加的种分母液在自蒸发器内与经脱硅机出来的浆液会合，然后依次一同进入缓冲槽和硅渣沉降槽。

脱硅前加种分母液的主要原因：由于精液在晶种分解过程中，二氧化硅的析出率在其总量中所占百分比很小，种分母液内氧化铝含量低，SiO_2含量比精液相比低得不多，相对的硅量指数则降低，所以种分母液中含有较多的SiO_2。在脱硅前加种分母液是为了将种分母液含有的这一部分SiO_2在脱硅机内再次处理。其缺点是：由于所加种分母液的量一般为粗液的27%左右，这部分多出的种分母液加入量将会使脱硅过程中的蒸汽耗量大为增加，同时又增加脱硅机容积或台数。

脱硅后加种分母液的主要原因：由于是在脱硅后加入，则能减少脱硅过程中的蒸汽耗量和脱硅机容积或台数。但是其缺点是种分母液的加入使溶液的苛性碱浓度增加，会使铝硅酸钠在铝酸钠溶液中的溶解度增加，降低了硅量指数；同时，种分母液的温度低，在脱硅后加入能使脱硅后的溶液温度下降，增大了溶液水解的可能，并且也会使液固分离困难。

B 种子的选择

在脱硅过程中，要求种子具有良好的表面活性，放置太久或反复使用后的晶体表面活性会降低。能作为脱硅过程的种子有硅渣和拜耳法赤泥。硅渣由于会在脱硅过程中反复循环使用，使其颗粒粗大，表面活性降低；拜耳法赤泥颗粒细小，并且不循环使用，表面活性比硅渣要好。所以我国混联法生产氧化铝企业均采用拜耳法赤泥作种子，而硅渣则被送去配料。

14.2.2 二段脱硅工艺

二段脱硅工艺是为了进一步提高溶液的硅量指数，在一段脱硅后再加入石灰进行脱硅的流程。添加石灰脱硅是在常压下进行，所以，二段脱硅工艺就是在一段脱硅工艺流程中增加了在缓冲槽添加石灰的步骤，其他均相同。

二段脱硅工艺流程见图14-3所示。

14.2.3 脱硅操作

根据周期排列和操作方法的不同，脱硅操作分为间断脱硅和连续脱硅。目前氧化铝厂都是连续脱硅法。间断脱硅逐步被淘汰。本书以一组有7台脱硅机连续脱硅法操作进行说明。流程见图14-4。

A 开车前的检查

开车前要进行如下检查：

(1) 检查流程是否畅通；

(2) 检查各项设备的操作是否灵活；

(3) 检查各项电气仪表是否正常。

B 开车前的预热

为避免加热过程温差太大，蒸汽冷凝使脱硅机机身震动，同时缩短加热提温时间，开车前要

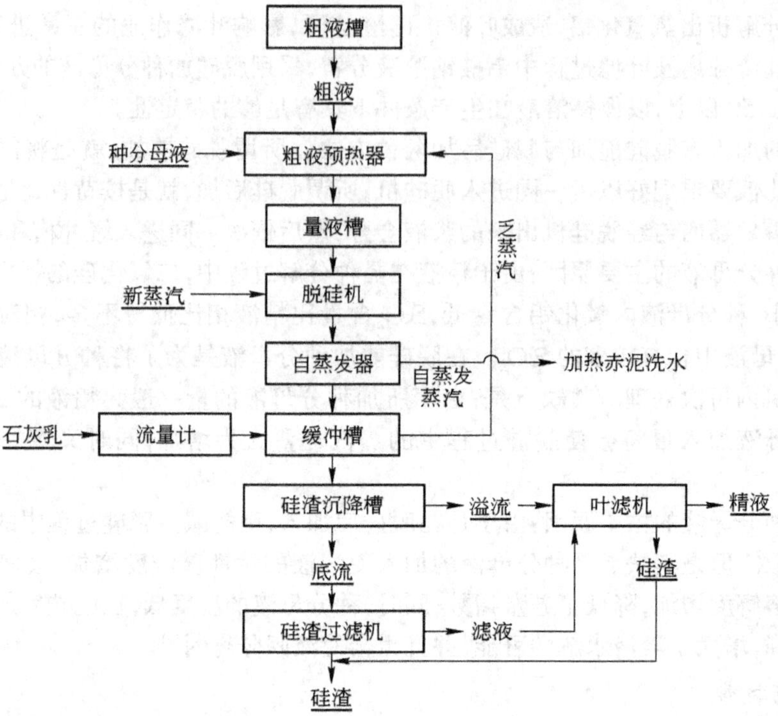

图 14-3　二段脱硅工艺流程

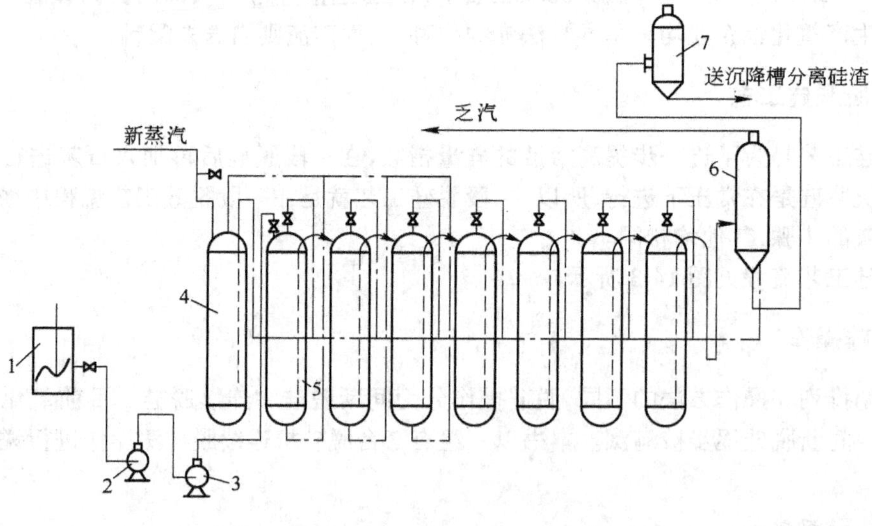

图 14-4　连续脱硅设备流程图

1—脱硅原液槽；2、3—串联泵；4—蒸汽缓冲器；
5—脱硅机；6—自蒸发器；7—缓冲槽

进行预热。其操作是：

(1) 先将缓冲器的出蒸汽阀门关闭，缓慢通汽升压升温，使之达到规定的压力；

(2) 然后脱硅机组在关闭进出料阀门后，将 1 号和 2 号的进汽阀门缓慢打开预热，使之达到规定的压力；

(3) 当机组压力与蒸汽缓冲器压力平衡时，打开脱硅机出料阀门，排汽阀门，进行预热出料管、排汽管、自蒸发器、缓冲槽，同时排出冷凝水。

C 开车

开车步骤如下：

(1) 接到进料通知后，立即慢慢打开进料阀门，当听到物料进入1号机内(或者看到泵的电机电流升高时)，机内压力下降时，迅速开大2号机的进汽阀门并调整1号进汽阀门，用2号机进汽来提温和稳定后边(2～7号)机内压力；

(2) 稳定进料量，当1号机进满时(1号机排汽门有排料声)可迅速关小2号机进汽阀门，接着关死1号机排汽阀门，开大1号机进汽阀门，主要用1号机进汽来提温和控制机内压力；

(3) 当2号机进料至2～3 min时，可打开2号机排汽阀门放汽，等2号机进满料后(排汽门有排料声)，关死2号机排汽门，3号～6号机进料与此一样进行操作；

(4) 当料进入7号机内时，通知沉降槽岗位作好受料准备；

(5) 当7号机进满料时，应立即打开出料阀门，关死7号机排汽阀门，将自蒸发器压力控制稳定，并通知缓冲槽准备受液；

(6) 往缓冲槽添加适量石灰乳，进行二次脱硅，并通知沉降槽岗位准备进料。

D 停车

停车步骤如下：

(1) 与相关岗位联系后，关闭进料阀门；

(2) 关小新蒸汽阀门，用1号机蒸汽压力调整出料，稳定脱硅机内与自蒸发器内压力做到平衡出料；

(3) 当出料完后，再用新蒸汽把脱硅机、自蒸发器和缓冲槽的料全部压完；

(4) 关闭所有排汽阀门和出料阀门，提高机组压力后，打开出料阀门把机内存料和结疤全部打出；

(5) 然后联系供汽单位，徐徐关闭蒸汽总管阀门。

E 正常操作

正常操作如下：

(1) 控制压差：为使进料泵能连续地向脱硅机进料，不发生蒸汽倒压，进料泵的出口压力应高于脱硅机内压力(脱硅机内压力不大于0.85 MPa，串联泵出口压力在1.05 MPa以上)。

(2) 进出液量平衡控制：为控制脱硅机7号机出去的液量等于1号机的进液量，必须保证1号至7号机有一定的压力差。这个压力差如果太大，会造成7号机内溶液供不应求，造成空罐现象，使溶液在脱硅机内停留时间缩短，影响硅量指数的提高；如果压力差太小，会造成1号机满罐，新蒸汽不能大量顺利通入，使1号机内温度达不到要求，同样影响硅量指数的提高。通常压力差为0.07～0.1 MPa。

(3) 排除脱硅机内不凝性气体：不凝性气体在脱硅机内占住一定容积，使脱硅机的有效容积降低，从而降低了脱硅时间，影响硅量指数的提高。正常操作应经常检查，发现机内有不凝性气体(由压力表指针不稳可以看出) 应及时打开排汽门排出，以保持满罐操作。在进行排除不凝性气体的操作时，如果听到排气管内有溶液流动的声音，说明机内不凝性气体已经排完，此时应立即停止该项操作。

(4) 1号脱硅机的操作：连续脱硅机内的溶液脱硅主要是在1号～2号脱硅机内进行，所以要对1号机的进料量要求稳定，并要保证蒸汽能够大量地通入1号机内，在允许的条件下要尽量提高1号脱硅机内的温度。

F　注意事项

注意事项如下：

(1) 控制脱硅温度(压力)：因故不能利用乏汽时，应用空罐向外放汽，防止超压停止搅拌；根据温度调节通汽量，控制工作压力，防止超压和倒压；

(2) 控制脱硅时间：根据脱硅指数来确定脱硅时间；

(3) 根据液量大小，适当控制出料速度，防止影响进料或空罐太多；

(4) 自蒸发器要经常检查，防止存料；

(5) 进料过程中，压力突然升高，应立即关闭进料阀门，打开排汽阀门或出料阀门放汽防止打垫子；

(6) 脱硅温度未达到，严禁出料，以保证溶液脱硅质量；

(7) 保证满罐操作和溶液的硅量指数。

14.2.4　脱硅工艺技术条件和指标

工艺技术条件和指标如下：

(1) 脱硅机内压力大于0.6 MPa；

(2) 所加种分母液的苛性比值小于3.5，浮游物含量小于3 g/L；

(3) 脱硅温度160～170℃；

(4) 加晶种量：拜耳法赤泥15～25 g/L；

(5) 脱硅时间：1～1.5 h；

(6) 自蒸发器内保持压力为$(1\sim1.5)\times10^5$ Pa；

(7) 石灰乳有效CaO大于200 g/L，添加量为10 g/L；

(8) 精液：一次脱硅指数A/S应大于280；二次脱硅指数生产三级品时A/S：400～500；生产二级品时A/S时应不小于480；

(9) 经叶滤得到的精液：苛性比值1.5～1.55，精液的Al_2O_3浓度与粗液的Al_2O_3浓度的差值不大于23 g/L；

(10) 硅渣A/S应小于1.9；

(11) 脱硅用蒸汽压力，其脱硅机室内总管压力不低于0.65 MPa。

14.2.5　脱硅操作中常见故障的发生原因与处理方法

A　满罐

故障发生原因如下：

(1) 出料速度小于进料速度；

(2) 进料时间过长，温度过低或乏汽带料。

故障处理方法如下：

(1) 提高粗液温度；

(2) 向外排料，减少进料时间。

B　自蒸发器存料

故障发生原因如下：

(1) 自蒸发器内压力低;
(2) 脱硅机出料忽大忽小;
(3) 出料管堵塞。
故障处理方法如下:
(1) 控制好自蒸发器排汽阀门;
(2) 调整脱硅机的进出料平衡;
(3) 处理出料管。

C 打垫子

故障发生原因如下:
(1) 低温溶液与高温蒸汽相遇发生水锤作用,管道剧烈振动,同时发出爆炸声,若管道法兰螺丝不紧或偏盘,即把垫子击出——发生打垫子;
(2) 预热过快;
(3) 机内料浆压入新蒸汽管内。
故障处理方法如下:
(1) 立即切断料源、汽源并换垫子;
(2) 缓慢预热;
(3) 迅速关闭新蒸汽阀门。

D 串联泵不上料或上料不足

故障发生原因如下:
(1) 脱硅液温度过高;
(2) 脱硅原液槽液面低或槽空;
(3) 串联泵进口堵塞或盘根漏气;
(4) 脱硅机的压力过高。
故障处理方法如下:
(1) 适当降低脱硅原液温度;
(2) 提高脱硅原液槽液面;
(3) 清理泵进口和更换盘根;
(4) 关小脱硅机的进汽阀门,适当打开排汽阀门,以降低脱硅机内压力。

E 空罐

故障发生原因如下:
(1) 串联泵不上料,或进料阀门开得太小,而出料阀门开得太大,造成进料少,出料多的空罐现象;
(2) 脱硅机内有汽化现象或不凝性气体未排出;
(3) 机组中有堵塞。
故障处理方法如下:
(1) 检查串联泵,适当调整进出料阀门,增大进料量,减少出料量;
(2) 关小进气阀门和进料阀门,排出不凝性气体,降低机内压力;
(3) 堵塞严重时,应停车清理。

F 脱硅机内温度提不起来

故障发生原因如下:

(1) 新蒸汽汽压低,汽量不够;
(2) 脱硅原液温度低;
(3) 蒸汽喷头堵塞。
故障处理方法如下:
(1) 联系供汽单位解决气压低、汽量不足问题;
(2) 提高脱硅原液预热温度;
(3) 处理喷头堵塞。

G　倒压

故障发生原因如下:
(1) 蒸汽压力突然下降,机内物料压入缓冲器内;
(2) 机内温度过高;
(3) 进料管破裂或进料压力低于机内压力。
故障处理方法如下:
(1) 首先,关闭所有汽门,关闭进料阀门,降低机内压力;
(2) 联系供汽单位解决汽压低问题;
(3) 关小脱硅机进汽阀门,适当打开排汽阀门;
(4) 管破裂要焊补或增加泵压加大进料压力,解决进料压力低。

H　*机身震动*

故障发生原因是由于进料温度与机内温度相差悬殊而引起。

故障处理方法:适当降低机内温度,提高脱硅原液预热温度。

I　*超压*

故障发生原因是由于机内温度、压力太高或有汽化现象。

故障处理方法是关小进汽阀门,适当打开排汽阀门,把机内温度、压力控制在规定范围内。如果超压来不及处理,而串联泵电流已降到 50 A 以下,为了防止倒压应立即停泵,关死进料阀门。

J　*蒸汽喷头堵塞*

故障发生原因是进料后没有及时通蒸汽或闷车后沉淀。

故障处理方法:进料后应及时通蒸汽并保证进汽量,闷车时要注意通汽并要保持蒸汽缓冲器与脱硅机之间的压差。当发生堵塞时,应关小进料阀门,打开排汽阀门,开大进汽阀门,把喷头内的沉淀物用蒸汽冲掉。

14.3　硅渣分离

在氧化铝生产中,粗液经过脱硅处理后,溶液含有大量的硅渣与赤泥等杂质,不能直接去进行分解。为了使产品氧化铝合乎国家所规定的标准,粗液经过脱硅后必须进行澄清分离,制成纯净透明的铝酸钠溶液。在处理脱硅后的溶液时,工业上常用叶滤机或压滤机来进行分离脱硅溶液中的硅渣。硅渣分离工序的任务,就是将由脱硅工序送来的脱硅浆液进行分离,以获得脱硅指数、铁铝比和浮游物含量合乎工艺要求的铝酸钠精液,然后将精液送往碳酸化分解。精液质量的好坏是保证最终产品氧化铝质量的关键。

脱硅后的铝酸钠溶液经分料箱进入硅渣沉降槽内,沉降下来的硅渣在底流槽用底流泵抽出去送往硅渣过滤机过滤,沉降槽的溢流去原液槽(溢流槽)用泵送进叶滤机。叶滤下来的硅渣先用溶液冲至硅渣槽内,然后用泵送往硅渣过滤机,叶滤得出的精液进至精液槽,用泵送至分解槽进行分解。硅渣过滤机的滤液返回硅渣沉降槽的原液槽和沉降槽的溢流一起进入叶滤机内,硅渣过滤机滤出的硅渣送往原料工段去配料。其中,脱硅后的浆液之所以在进叶滤机前先送入硅渣沉降槽进行沉降,是为了减轻叶滤机的负荷,使大部分硅渣在沉降槽内和溶液分开,而只把溢流出来的溶液送到叶滤机去进行叶滤。这样可减少叶滤机的负荷,从而减少了叶滤机的台数。

复习思考题

14-1 工业铝酸钠溶液不添加石灰脱硅的基本原理是什么,有哪些影响因素?

14-2 粗液添加石灰脱硅的基本原理是什么,有哪些影响因素?

14-3 精液硅量指数的高低对氧化铝生产有什么影响,怎样提高精液硅量指数?

15　碳酸化分解

碳酸化分解是脱硅后的一个重要工序。脱硅后得到的精液除部分被送去晶种分解外，其余的精液则全部进行碳酸化分解。该工序是决定烧结法产品氧化铝质量的重要过程之一。

15.1　碳酸化分解的原理

15.1.1　碳酸化分解主要化学反应

分解过程开始时，通入溶液中的CO_2与部分游离苛性碱发生中和反应：

$$2NaOH + CO_2 + aq = Na_2CO_3 + H_2O + aq$$

反应的结果使溶液苛性比值下降，使铝酸钠溶液的过饱和度增大，稳定性降低，于是产生铝酸钠溶液自发分解的析出反应：

$$2NaAlO_2 + 4H_2O + aq = 2Al(OH)_3\downarrow + 2NaOH + aq$$

由于连续不断地通入CO_2气体，游离苛性碱不断被中和，从而使溶液的苛性比值始终很低，铝酸钠溶液一直呈不稳定的状态，析出反应会持续进行。所以在碳酸化分解时，即使不加晶种，也具有较大的分解速度。

15.1.2　二氧化硅在碳酸化分解过程中的行为

碳分过程中，氧化硅的行为具有重要意义，因为它关系到析出的氢氧化铝中SiO_2的含量，从而极大地影响到氧化铝成品的质量。

实践证明，二氧化硅在碳酸化分解过程中的行为可分为三个阶段。见图15-1碳酸化过程溶液中SiO_2浓度的变化曲线。

(1) 第一阶段：铝酸钠溶液碳分初期，$Al(OH)_3$会首先析出，而溶液中的SiO_2则会被刚析出的、表面活性很大和吸附能力很强的$Al(OH)_3$所吸附，所以在碳分初期溶液中的SiO_2会有少量析出。

(2) 第二阶段：碳分中期，由于析出的$Al(OH)_3$不断长大，表面活性降低，不能再吸附溶液中的SiO_2，而铝硅酸钠分解析出的速度又很慢，所以这一阶段只有$Al(OH)_3$会不断析出而SiO_2几乎不沉淀析出，析出的$Al(OH)_3$中SiO_2含量很低，这一阶段的时间长度会随着精液硅量指数的增大而延长。

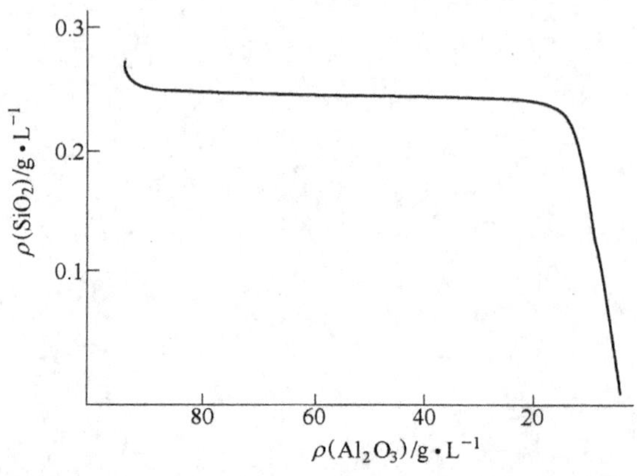

图15-1　碳酸化过程溶液中SiO_2浓度的变化曲线

(3) 第三阶段：即碳分末期，溶液的苛性碱和氧化铝浓度大大降低，铝硅酸钠在溶液中的溶解度也随之大大降低，从而溶液中的SiO_2会在这一阶段以铝硅酸钠形式大量析出，通常这一阶段会在溶液中的Al_2O_3析出80%后出现。如果此时不停止分解，则会使溶液中的Al_2O_3全部析出，同时溶液中的SiO_2也几乎完全析出，生产上把这种现象称为彻底碳酸化。

15.2 影响碳酸化分解率和产品氢氧化铝质量的因素

15.2.1 分解原液的纯度和浓度的影响

实践证明,分解原液(精液)的纯度和浓度是影响碳分产品氢氧化铝质量和产量的最主要因素。

15.2.1.1 分解原液的纯度

分解原液的纯度包括硅量指数和浮游物含量两个方面。

精液的硅量指数越高,溶液中溶解的 SiO_2 量越少,这样在保证氢氧化铝质量的前提下,分解的第二阶段时间就会越长,可以从溶液中析出更多的氢氧化铝。因此,欲在保证产品质量的前提下提高产量,就要求送来碳酸化的铝酸钠溶液应该充分的脱硅。应该指出,精液的硅量指数的高低,对产品质量同样也有很大关系。

精液浮游物是由铝硅酸钠、水化石榴石和赤泥微细粒组成。它在分解初期就全部混入 $Al(OH)_3$ 中,是 $Al(OH)_3$ 中杂质 SiO_2 和 Na_2O 的来源之一,是杂质 Fe_2O_3 的主要来源。因此必须严格控制过滤,使其浮游物含量降低到 0.02 g/L 以下。

15.2.1.2 分解原液的浓度

铝酸钠溶液浓度太浓和太稀,都会使产品粒度变小。另外,在其他条件相同时,分解较高浓度的铝酸钠溶液,所得氢氧化铝中的 SiO_2 和不可洗去的碱量要比分解较低浓度所得氢氧化铝的为多。

15.2.2 分解深度的影响

分解深度能在杂质含量和结构两方面影响氢氧化铝的质量。

当碳酸化进行的程度不深时,析出的氢氧化铝是分散性很大的细粒,并且其中不溶性碱的含量(吸附的铝硅酸钠)很多。随着碳酸化深度的增加,能改善氢氧化铝的结构,并使得氢氧化铝的纯度变好。但碳酸化深度达到一定程度后,氢氧化铝的纯度及结构都随碳酸化深度的增加而显著变坏。这一性质可从二氧化硅在碳酸化分解过程中的三个阶段得到验证。

由此可见,碳酸化分解率如果控制过低,虽然可以保证产品的质量,但这会使 Al_2O_3 的循环返回量增大,整个生产系统产能降低。碳酸化分解率如果控制过高,由于水合铝硅酸钠的强烈析出,将严重污染 $Al(OH)_3$ 产品,这时尽管精液的硅量指数较高,但产出的 $Al(OH)_3$ 质量仍然很差。生产实践还证明,分解率过高时,产出的是细粒疏松、结晶结构恶劣的氢氧化铝。它具有很强的吸附能力,这除了使 $Al(OH)_3$ 洗涤困难,碱含量增高外,还会使镓的损失增加,所以,必须使碳酸化深度控制得恰当,才能保证产品 $Al(OH)_3$ 的质量和各种技术经济指标取得最佳效果。

15.2.3 碳酸化分解温度的影响

在碳酸化分解作业中,提高碳酸化温度,虽然有利于氢氧化铝粒度的长大,可减弱其吸附碱和氧化硅的能力,有利于 $Al(OH)_3$ 分离洗涤。但过分的提高碳酸化温度,不仅会使氢氧化铝粒度变得过大,更重要的是会加快脱硅反应,使氧化硅从溶液中快速析出,使碳分产品 $Al(OH)_3$ 中的 SiO_2 和 Na_2O 含量增高,影响产品的质量。反之,降低碳酸化温度,又会使氢氧化铝粒度变小,小颗粒的氢氧化铝吸附碱量较多,不但会增加洗涤面积,而且还会给过滤带来困难,易造成产品氢氧化铝附碱升高,从而影响质量。

在工业生产中,碳酸化分解温度取决于通气速度与CO_2气体的浓度。当采用高浓度石灰炉炉气并进行快速碳分时,要求温度维持在85℃左右,经脱硅后的铝酸钠溶液一般在85℃左右,能满足分解温度的要求,不需要另外通汽提温;如果采用CO_2浓度为10%左右的烧结窑气时,则碳分温度控制在70～80℃,此时则需要通气保温。

15.2.4　通入二氧化碳气体的纯度、浓度和速度的影响

碳酸化分解所用气体,一般来源有石灰炉炉气和烧结窑窑气两种。石灰炉炉气的CO_2浓度较高,为35%～40%;熟料窑窑气的CO_2浓度较低,为8%～12%。我国烧结法是采用石灰配料,故采用石灰炉炉气作为气源。

15.2.4.1　CO_2气体的纯度

CO_2气体的纯度对氢氧化铝的质量有很大的影响。CO_2气体的纯度主要是指它的含尘量。石灰炉炉气中粉尘的主要成分是CaO、SiO_2和Fe_2O_3等,都是氧化铝的有害杂质。碳酸化分解的用气量很大,约为铝酸钠溶液体积的200倍,气体中的粉尘又都进入氢氧化铝中因此为保证氢氧化铝的质量,石灰炉炉气必须经过净化洗涤,使其含量小于0.03 g/m^3。

15.2.4.2　CO_2气体的浓度及通入速度

CO_2气体的浓度及通入速度决定着分解的速度,因此,它对碳酸化设备的产能,压缩机的功率及碳酸化的温度都有极大的影响,对$Al(OH)_3$质量也有一定影响。生产实践证明,采用高浓度(CO_2浓度在38%左右)的气体进行碳酸化,分解速度快,晶体长大快,晶体吸附能力强的阶段短,有利于产量、质量的提高,以及二氧化碳利用率的提高。同时,由于CO_2与NaOH起的中和反应以及$Al(OH)_3$结晶反应所放出的热量,不仅能维持碳酸化过程所需要的温度,而且还能使分解温度略有提高,一般可达85℃,有利于氢氧化铝粒度增大。若采用低浓度(CO_2浓度在12%左右)的气体进行碳酸化,则分解速度慢,不利于产量、质量和二氧化碳利用率的提高,而且到碳酸化分解末期,则不能维持过程所需要的温度(70～80℃),这样就需要通汽保温。

在碳酸化分解时,随着铝酸钠溶液中Al_2O_3和Na_2O_k浓度的降低,氧化硅的过饱和度便逐渐上升,到一定程度后,便开始与氢氧化铝一同析出,致使氢氧化铝被污染,降低产品的质量。氧化硅的大量析出,一般都在碳酸化分解的末期,因此碳酸化分解的速度和液固分离速度对氢氧化铝的质量有影响。

生产上通常用精液中每克Al_2O_3每小时通入CO_2的克数来表示碳酸化分解过程中CO_2气体的通气速度。生产实践证明,增大通气速度,可提高碳酸化分解速度和产能,以及$Al(OH)_3$的质量。

15.2.5　搅拌的影响

碳分时,加强搅拌能使各部分溶液成分均匀和氢氧化铝颗粒处于悬浮状态,会有以下几个方面的影响。

(1) 可以加快碳分过程的速度;

(2) 可以防止“局部彻底碳酸化”现象的发生;

(3) 能改善氢氧化铝的结晶和粒度,减少含碱量;

(4) 提高CO_2的利用率;

(5) 可以减轻氢氧化铝在碳分槽内的沉淀和结疤,因为碳酸化的温度较高,溶液黏度小,氢氧化铝沉降速度快,如果不进行搅拌就很容易沉淀。

生产实践证明，只靠通入 CO_2 气体的鼓泡作用所产生的搅拌强度是不够的，还必须使用机械搅拌和空气搅拌来提高搅拌强度。

15.2.6 添加晶种的影响

预先往精液中加入适量的氢氧化铝晶种，在碳酸化分解初期就不再生成分散度大，吸附力强的氢氧化铝，因而可避免溶液中的 SiO_2 由于分解初期被吸附而析出。烧结法工厂的经验表明，添加适量晶种(种子比为 30%)碳分氢氧化铝中的 SiO_2 含量约降低 0.01%。

添加晶种还能改善氢氧化铝的结晶结构，使其粒度均匀，这有助于降低其含碱量。还能减轻槽内结疤程度。

添加晶种的不足之处，是使部分氢氧化铝循环积压在碳分流程中，并增加了分离设备的负担。

通常，焙烧产品为砂状氧化铝时，碳分时要加晶种。焙烧产品为面粉状氧化铝时，碳分时则不加晶种。

在上述影响因素中，操作中要考虑的最主要因素是分解深度，掌握好分解深度，就能在保证产品质量的基础上，提高产量。

15.3 碳分分解率的选择与控制

15.3.1 碳分分解率的概念

碳分分解率是指被分解析出的氧化铝数量与精液中所含氧化铝数量比的百分数。公式如下：

$$\eta_{碳} = \frac{\rho(Al_2O_3)_{精} - \rho(Al_2O_3)_{母} \times \dfrac{\rho(Na_2O_{全})_{精}}{\rho(Na_2O_{全})_{母}}}{\rho(Al_2O_3)_{精}} \times 100\%$$

式中 $\eta_{碳}$——碳酸化分解率，%；

$\rho(Al_2O_3)_{精}$ 和 $\rho(Al_2O_3)_{母}$——精液和碳分母液中 Al_2O_3 的质量浓度，g/L；

$\rho(Na_2O_{全})_{精}$ 和 $\rho(Na_2O_{全})_{母}$——精液和碳分母液中 $Na_2O_{全}$ 的质量浓度，g/L；

$\rho(Na_2O_{全})_{精}/\rho(Na_2O_{全})_{母}$——碳酸化分解过程中溶液的浓缩系数。

15.3.2 碳分分解率选择的原则

分解率的大小是根据铝酸钠溶液硅量指数来确定的。在一定的温度条件下，铝酸钠溶液中的 Al_2O_3 与 SiO_2 含量之间存在着互相制约的关系，通过实验，事先确定出分解率与硅量指数的对应关系，从而在生产中根据溶液的硅量指数来确定分解率。

15.3.3 生产上碳分分解率的控制步骤

生产上通常是以下面四个步骤来控制碳分分解率的：

(1) 碳分分解率的确定：根据精液的硅量指数从“A/S-$\eta_{碳}$”对照表上查出所对应的分解率的下限值。表 15-1 为某厂的“A/S-$\eta_{碳}$”对照表。

表 15-1 “A/S-$\eta_{碳}$”对照表

精液 A/S	>500	451～500	401～450	376～400	351～375	326～350	301～325	251～300	201～250	100～200
$\eta_{碳}$	88～90	87～89	86～88	84～86	83～85	80～82	79～81	77～79	75～77	70～73

(2) 分解终点预定值的确定：通过计算，得出到达所确定的分解率时溶液中残留 Al_2O_3 的浓度，由于在停气之后还要分解，所以在此值上再加上 1.0～2.0 g/L，这个浓度值就是停气时溶液中氧化铝的浓度。

(3) 停气时间的确定：通过取样，快到终点时，计算出 Al_2O_3 浓度的下降速度，然后将第二步计算出的停气时氧化铝浓度与最后一次取样所得的氧化铝浓度的差值除以 Al_2O_3 浓度的下降速度，所得的时间值就是至停气的时间，到时立即停气。

(4) 实际分解率的计算：在停气 30 min 左右，取样计算实际分解率，看是否相符，来检验分解率的控制是否恰当。

15.4 碳酸化分解工艺

15.4.1 碳酸化分解工艺流程

碳酸化分解工艺流程见图 15-2。

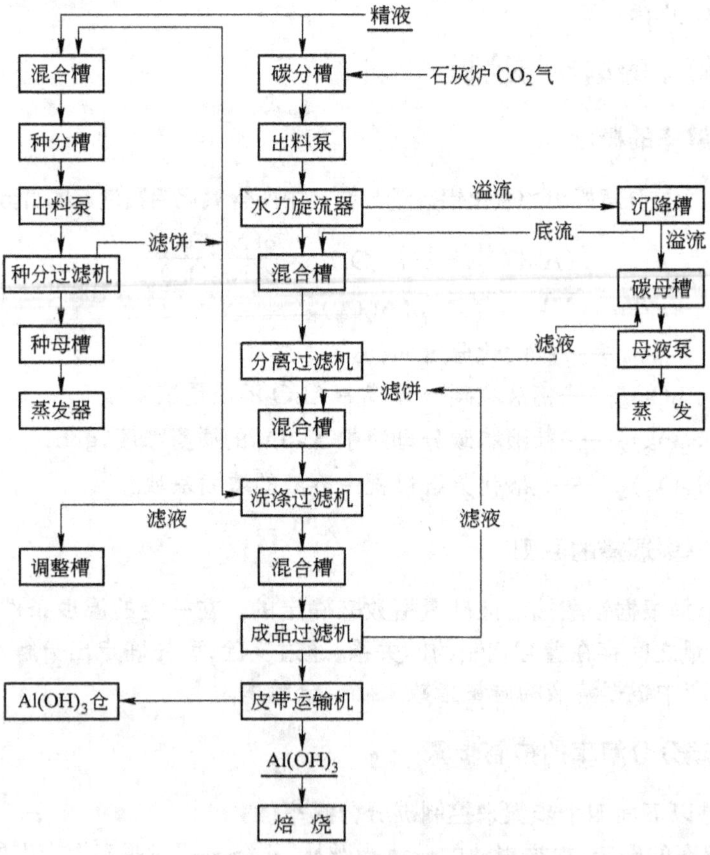

图 15-2 碳酸化分解工艺流程

该流程的特点是精液的一部分采用晶种分解法分解，目的是得到熟料溶出和脱硅所需的种分母液。碳分精液和种分精液的数量之比(简称碳种比)是根据熟料溶出液的苛性比值和脱硅深度而确定的。目前我国烧结法厂的碳种比一般为 3.5～4.3 左右。我国混联法厂的碳种比则根据处理拜耳法赤泥量和补碱而定。

15.4.2 碳酸化分解操作

目前,烧结法生产氧化铝中,采用间断碳酸化分解法。生产作业如下所述。

A 排好周期

在间断作业中,每个分解槽的周期包括进料、分解、出料和检查等四个环节:

(1) 碳分槽进料:在进料前要先装上液面警铃,进料时须经常注意来料情况及测量槽内溶液体积,防止进料过多冒槽或加满溢出的现象。

(2) 碳分槽分解:根据分析结果估算出碳分的分解率和分解速度,要预先判断分解终止的大约时间,到时立即停气,避免分解率过高。

(3) 碳分槽出料:分解完毕后要及时出料到液固分离流程,尽快分离,节约时间,避免影响产品质量和碳分周期。

(4) 碳分槽出料完毕后检查时,要打开人孔,检查槽内有无沉淀和结疤、搅拌装置有无问题;并且要卸开出料阀及取样器具进行清理。

碳分作业的周期安排很重要,如果安排不好,将会使生产紊乱。

B 排好取样时间

在碳酸化分解过程中,是用化学分析溶液试样中的成分来控制分解率的。因此,取样分析是掌握好分解率的主要依据。所以在分解过程中必须安排好取样分析时间。

取样分析一般可按下述方法进行:碳分槽进料至规定体积时,取精液分析其中 Na_2O_T、Al_2O_3、Na_2Oc、SiO_2。计算出硅量指数,查出所对应的分解率。通气分解后,间隔一定时间(1~1.5 h)后取样分析 Na_2O_T和 Al_2O_3,了解其分解速度,估算出停气时间。一般取最后一个样时,要距停气时间 15~20 min。分解停气后间隔一定时间取出料样,分析其中的 Na_2O_T、Al_2O_3、Na_2Oc 和 SiO_2,以便计算分解率和槽产量等。

C 开车

开车步骤如下:

(1) 开车前的准备:各运转部件是否好用;管道连接是否准确及有无堵塞;相关岗位联系是否畅通;分解槽的各孔是否关上;

(2) 开始进料,密切观察进液量,到规定体积时,及时停止进料;

(3) 上一槽停气前 15 min,开启搅拌设备并取精液样;

(4) 上一槽停气后,及时打开本槽的 CO_2气体管道阀门,开始分解。

D 正常操作

在分解过程中,主要观察分解槽是否冒槽;安排取样时间,至少取两个样,确定停气时间;注意 CO_2气体的浓度,以防掌握不住分解速度,造成分解过快产品质量差或分解过慢分解率过低。

E 停车

停车步骤如下:

(1) 停气后,开启出料泵尽快出料;

(2) 当出料完毕后,停止搅拌机的运转;

(3) 通知出料泵停车。

F 碳分槽的清理

实践证明,碳分槽经过一段时间运行后,槽底、槽壁、搅拌轴、挂链等处往往结上一层很厚的结疤(氢氧化铝和碱)。结疤的形成不仅使槽子有效容积减小,更重要的是结疤增加搅拌负荷有时甚至会压垮搅拌大轴的弹子盘,导致"垮槽"而影响生产。因此,对碳分槽必须定期进行清理结疤的工作,以免影响正常生产。

碳分槽结疤的清理办法,是用含苛性碱 280 g/L 左右的种分母液进行泡槽。在泡槽时,开启搅拌机,泡槽的时间长短视其结疤的情况而定,一般是 5～6 天,效果良好。另外是用人工清理,但劳动强度大,劳动条件差。

通常对结疤清理是小清理三个月一次,煮槽一年一次。

15.4.3 碳酸化分解技术条件

我国中间状氧化铝产品的碳酸化分解技术条件如下:

(1) 分解温度:85℃左右;

(2) 分解时间:2～3 h;

(3) CO_2浓度:38%～40%;

(4) 分解原液 Al_2O_3浓度大于 98 g/L,苛性比值 1.5 左右,硅量指数大于 400;

(5) 产品 $Al(OH)_3$中所含 SiO_2:三级品应小于 0.005%;二级品应小于 0.04%;

(6) 产品 $Al(OH)_3$中所含 Na_2O:三级品应小于 0.60%;二级品应小于 0.55%。

15.4.4 碳酸化分解常见故障的发生原因与处理方法

A 冒槽

故障发生原因如下:

(1) 槽内精液体积过大(液面过高);

(2) 通入的 CO_2气体压力过大;

(3) 排气不畅。

故障处理方法如下:

(1) 如果槽内精液液面不高时冒槽,则可加入少量重油或其他机油;

(2) 如果加油后还继续冒槽时,可先停气把 CO_2气体放空,然后再调节通气量;

(3) 如果槽内精液体积过大,则需进行倒料处理。实践表明,碳分槽的有效容积为槽容积的 75%～80%,所加精液量的体积超过这个容积就会发生冒槽。

B 机械故障

机械故障包括传动部分有异声、CO_2阀门开关失灵、搅拌机突然掉闸等。具体发生原因和处理方法见《氧化铝生产设备》一书。

复习思考题

15-1 铝酸钠溶液碳酸化分解的基本原理是什么?

15-2 对碳酸化分解过程 SiO_2的析出行为进行分析,怎样提高碳分过程氢氧化铝的质量?

16 联合法生产氧化铝

目前工业上氧化铝生产的方法主要是碱法，即是拜耳法和烧结法，这两种方法各有其特点和适应范围。用拜耳法生产氧化铝流程简单、产品质量好，工艺能耗低，产品成本低，但该法需要 $A/S \geqslant 7$ 的优质铝土矿和用比较贵的烧碱(NaOH)。用烧结法生产氧化铝，可以处理 $A/S \geqslant 3 \sim 3.5$ 的高硅铝土矿和利用较便宜的碳酸钠，但该法流程复杂，工艺能耗高，产品质量比拜耳法差，单位产品投资和成本较高。两者都有各自的局限性。为适合各种铝土矿和减少生产成本，利用拜耳法和烧结法各自的优点，生产上采用拜耳法和烧结法联合起来的流程，更能取得较单一方法更好的经济效果。联合法可分为三种流程：串联法、并联法和混联法。

16.1 串联法

串联联合法生产氧化铝流程如图 16-1 所示。

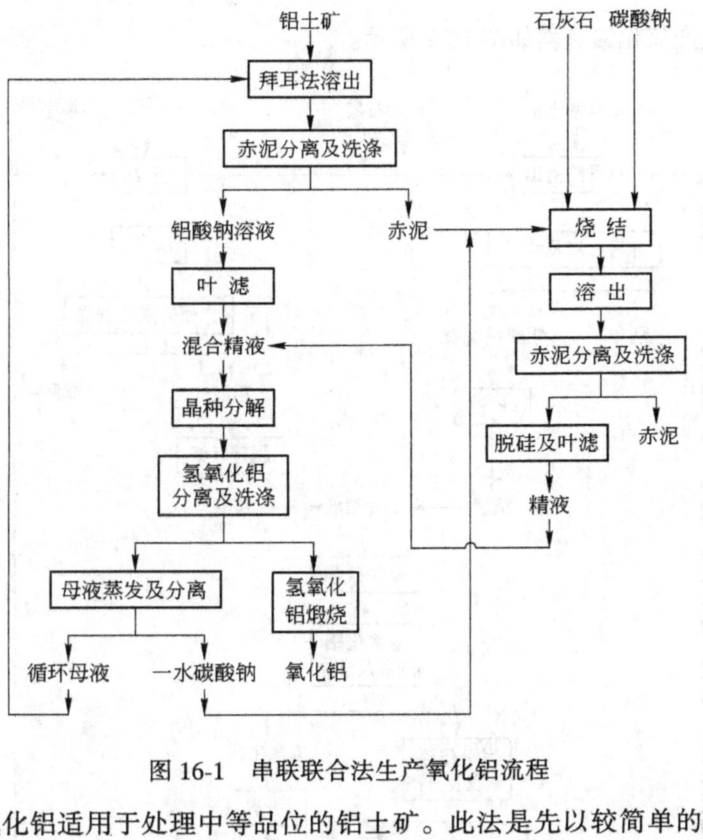

图 16-1　串联联合法生产氧化铝流程

串联法生产氧化铝适用于处理中等品位的铝土矿。此法是先以较简单的拜耳法处理矿石，提取其中大部分氧化铝，然后再用烧结法处理拜耳法赤泥，进一步提取其中的氧化铝和碱，将烧结后的熟料经过溶出、分离、脱硅等过程得到的铝酸钠溶液并入拜耳法系统，进行晶种分解，拜耳法系统的母液蒸发析出的一水碳酸钠送烧结法系统配制生料浆。

串联法的优点：

(1) 矿石中大部分的氧化铝是由投资和加工费较低的拜耳法处理，仅有少量是由烧结法处理，这样就减少了回转窑的数量和燃料消耗量，从而降低了氧化铝的成本；

(2) 由于矿石经过拜耳法和烧结法两次处理，因而氧化铝的总回收率高，碱耗低；

(3) 生产过程的补碱由烧结法系统的低价碳酸钠供应，减少了产品成本；

(4) 种分母液蒸发时结晶析出的碳酸钠在烧结时被利用，并且还能使拜耳法流程中的有机物在烧结时得到烧除，降低了有机物对拜耳法生产的危害。

串联法的缺点：

(1) 拜耳法赤泥炉料铝硅比低，它的烧结比较困难，所以烧结过程能否顺利进行以及熟料质量的好坏是串联法的关键；

(2) 如果矿石中的氧化铁含量低时，还存在烧结法系统补碱不足的情况；

(3) 生产流程比较复杂，拜耳法和烧结法两系统的平衡和整个生产的均衡稳定比较难维持。拜耳法系统的生产受到烧结法系统的影响和制约，在拜耳法系统中，如果矿石品位和溶出条件等发生变化，就会使 Al_2O_3 溶出率和所产赤泥的数量与成分随之发生变化，又直接影响到烧结法的生产，两系统互相影响和制约，给组织生产带来困难。

16.2　并联法

并联联合法生产氧化铝流程如图 16-2 所示。

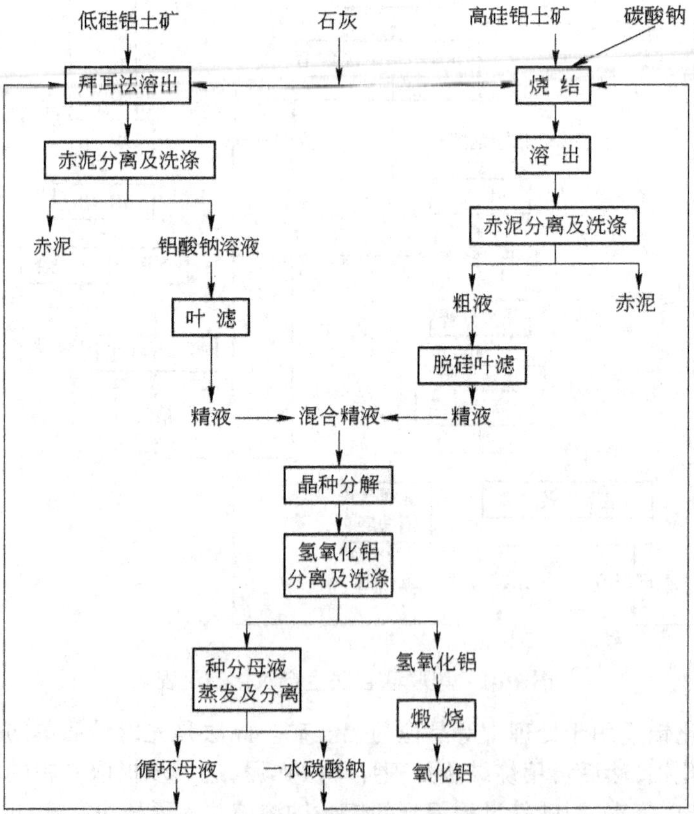

图 16-2　并联联合法生产氧化铝流程

由图可见,并联法包括拜耳法和烧结法两个平行的生产系统,以拜耳法处理高品位铝土矿,以烧结法处理低品位铝土矿。烧结后的烧结熟料进行溶出、液固分离以及铝酸钠溶液脱硅,脱硅后的铝酸钠溶液最后并入拜耳法系统,将拜耳法和烧结法两系统的铝酸钠溶液进行晶种分解,然后分离和洗涤氢氧化铝,$Al(OH)_3$经焙烧得到氧化铝。

并联法的优点:

(1) 可以合理利用国家铝矿资源。如果矿区铝土矿品位不均匀,或是不同地区有两种品位的铝土矿,用并联法处理这两类矿石可以得到较好的经济效益;

(2) 种分母液蒸发时结晶析出的碳酸钠在烧结时被利用,并且还能使拜耳法流程中的有机物在烧结时得到烧除,降低了有机物对拜耳法生产的危害;

(3) 生产过程的补碱全部由烧结法系统的低价碳酸钠供应,减少了产品成本;

(4) 烧结法系统中低苛性比值的铝酸钠溶液可降低拜耳法系统中铝酸钠溶液的苛性比值,有利于提高晶种分解的速度和分解率。

并联法的缺点:

(1) 用烧结法的铝酸钠溶液代替纯苛性碱来补偿拜耳法系统的碱损失,使得拜耳法各工序的循环碱量增加,从而对各工序的技术经济指标有所影响;

(2) 工艺流程比较复杂;

(3) 均衡生产困难。由于烧结法系统送到拜耳法系统的铝酸钠溶液量,必须保证晶种分解后母液中剩余苛性碱应恰好等于拜耳法系统中所损失的碱量,因此,拜耳法系统的生产受到烧结法系统的影响和制约。烧结法系统如有波动就会影响到拜耳法系统的波动。

并联法中两个系统的比例为:烧结法系统的比例不超过总产量的10%~15%。

16.3 混联法

混联联合法生产氧化铝流程如图16-3所示。

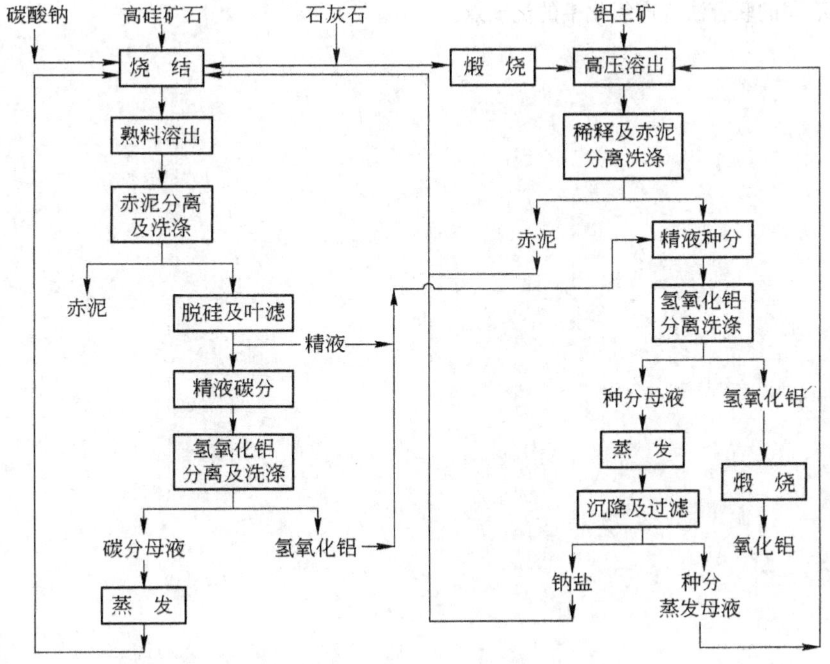

图16-3 混联联合法生产氧化铝流程

串联法中，拜耳法赤泥铝硅比低，所配成的炉料较难烧结。解决这个问题的方法之一，是在拜耳法赤泥中添加一部分低品位的矿石进行烧结。添加矿石的目的是提高熟料铝硅比，使炉料熔点提高，烧成温度范围变宽，从而改善了烧结过程。这种将拜耳法和同时处理拜耳法赤泥与低品位铝矿烧结法结合在一起的联合法叫作混联法。

溶出的拜耳法赤泥经洗涤后送烧结法系统同时添加一定量的低品位矿石，磨制成生料浆，进行烧结、溶出、分离和脱硅得到精液。除一部分精液去碳酸化分解外，其余的和拜耳法精液一起作晶种分解。所增加的碳酸化分解作为调节过剩苛性碱液的平衡措施，有利于生产过程的协调。

混联法的优点：

(1) 高品位铝土矿先用拜耳法处理，将大部分氧化铝回收后的赤泥再用烧结法处理，两次回收氧化铝和碱，所以此法的氧化铝总回收率高，碱耗低；

(2) 烧结法除处理拜耳法赤泥外，另配加一定量的低品位矿石来提高生料浆的铝硅比，改善了烧结窑的操作条件，提高了熟料的质量；

(3) 利用较便宜的碳酸钠加入烧结法系统来补偿生产过程的碱损失；

(4) 由于大部分铝酸钠溶液是晶种分解，所以采用此法可获得较高质量的氧化铝。

混联法的缺点：

(1) 两系统的协调复杂；

(2) 由于两系统都是完整的流程，所以整个生产流程复杂。

目前，我国由于铝土矿资源的特点为高硅低铁，矿石难以溶解，并且成分不均一，所以氧化铝生产企业大多采用混联法流程。

复习思考题

16-1　请比较不同的联合法生产氧化铝的优缺点。

17 氧化铝生产的消耗

氧化铝总回收率和碱耗是氧化铝生产中的主要技术经济指标，这两个指标在相当大的程度上代表着一个工厂的生产技术水平，对降低成本起主导作用。我国烧结法和混联法生产氧化铝，氧化铝的总回收率和碱耗都已达到或超过世界先进水平。

17.1 氧化铝总回收率

氧化铝总回收率，是指产品氧化铝中含氧化铝量占消耗物料（铝矿石、石灰石、煤等）中含氧化铝量的百分比。它反映冶炼过程中，氧化铝的回收程度。其计算公式如下：

$$\eta_{A总} = A_{产}/(G_1A_1 + G_2A_2 + G_3A_3)$$

式中 $\eta_{A总}$——氧化铝总回收率，%；

$A_{产}$——1 t产品氧化铝中 Al_2O_3 含量，kg；

A_1——铝矿石的 Al_2O_3 含量，%；

A_2——石灰中的 Al_2O_3 含量，%；

A_3——进入熟料中的煤灰的 Al_2O_3 含量，%；

G_1、G_2、G_3——分别为矿石、石灰和煤灰（按烧成煤耗折算）的单耗，kg。

总回收率愈高，一吨氧化铝所耗用的铝土矿数量就愈少。这不只是降低了铝土矿单耗，更重要的是使大部分生产过程的物料流量相应地减少，因此构成成本的主要单耗指标都随之降低。

氧化铝的回收率也可用下面的公式计算，即：

$$\eta_{A总} = (1 - A/Q) \times 100\%$$

式中 Q——铝土矿中的 Al_2O_3 量；

A——Al_2O_3 的损失。

由上式看出，氧化铝回收率越高，则氧化铝的损失就越低，原料被利用得就越充分。

氧化铝的损失分为化学损失和机械损失。化学损失是指铝土矿溶出时未发生化学反应的氧化铝损失，或熟料溶出时溶液中部分氧化铝转入赤泥的二次反应损失等，也称为弃赤泥带走的不溶性的氧化铝损失。

属于机械损失的则包括弃赤泥附液损失和窑气、分解槽、碳酸化槽和其他的损失等。除赤泥附液损失外，氧化铝的机械损失在系统中不做规定，一般包括在“其他损失”中。至于反映取样、分析、原料及成品计算误差所“未估计到的损失”以及跑、冒、滴、漏等损失也属于“其他损失”。

氧化铝的化学损失占总损失的比例：烧结法为55%～64%，而混联法为55%～60%。

17.2 碱耗

碱耗是指每生产1 t成品氧化铝所消耗的纯碱或苛性碱的数量，以kg/t-A（公斤/吨－氧化铝）$NaCO_3$ 或kg/t-ANaOH表示。我国烧结法生产氧化铝碱耗一般为95～100 kg/t-A$NaCO_3$。混联法碱耗较低，一般为60～70 kg/t-A$NaCO_3$。拜耳法的碱耗最低，国外为50 kg/t-ANaOH左右。

碱损失也分为化学损失和机械损失。化学损失包括弃赤泥带走的不溶性的碱损失。机械损失包括弃赤泥附液损失、窑灰烟尘带碱以及其他生产工序的机械损失。氢氧化铝所带走的碱包括可洗碱和不可洗碱，计算时单独列为一项。各项的碱损失通常以 Na_2O 的形式来计算然后再换算成纯碱。

烧结法或混联法生产氧化铝的碱耗计算步骤如下：

(1) 碱的化学损失

$$N_{化} = N_{赤} \times \eta_{赤泥} \times K_{熟\text{-}A} \times 1000$$

式中 $N_{化}$——弃赤泥带走的不溶性的碱损失，kg；

$N_{赤}$——弃赤泥中 Na_2O 含量，%；

$\eta_{赤泥}$——赤泥率，%；

$K_{熟\text{-}A}$——熟料与氧化铝的折合比。

(2) 赤泥附液损失

$$N_{附} = N_T \times L/S \times \eta_{赤泥} \times K_{熟\text{-}A}$$

式中 $N_{附}$——碱赤泥附液损失，kg；

N_T——弃赤泥附液 Na_2O_T浓度，g/L；

L/S——弃赤泥液固比。

(3) 氢氧化铝带走的碱损失

$$N_{氢} = N_{AH} \times 1.545 \times 1000$$

式中 $N_{氢}$——氢氧化铝带走的碱损失，kg；

N_{AH}——氢氧化铝中 Na_2O 含量，%；

1.545——氢氧化铝与氧化铝的折合比。

(4) 熟料窑废气含尘带走碱

$$N_{烟尘} = N_a \times C_{烟尘} \times Y_{废气-熟} \times K_{熟\text{-}A}$$

式中 $N_{烟尘}$——熟料窑废气含尘带走的碱，kg；

N_a——烟尘中 Na_2O 含量，%；

$C_{烟尘}$——废气中的含尘量，kg/m^3；

$Y_{废气-熟}$——每吨熟料排出废气量，m^3/t。

(5) 其他碱损失($N_{其}$)一般为 15~20 kg 左右。

所以，生产 1 t 氧化铝所消耗的纯碱数量为：

$$(N_{化} + N_{附} + N_{氢} + N_{烟尘} + N_{其}) \times 1.74$$

式中 1.74——碱粉与 Na_2O 的折合比。

复习思考题

17-1 什么是氧化铝总回收率？试分析怎样提高氧化铝的总回收率。

17-2 什么是氧化铝生产的碱耗，碱耗由哪些项目构成？

18　氧化铝生产的环境保护与原料的综合利用

18.1　氧化铝厂的环境保护

氧化铝生产的环境保护问题从氧化铝厂本身来看主要危害只有物料粉尘、溶液的跑冒滴漏、噪音、蒸汽及烟气挟带等。由于生产技术的发展，氧化铝厂本身的环境保护问题还是比较容易解决的。

但矿石开采后的矿区处置和生产过程的污水和赤泥处置等三大问题，如果处理不好，则对环境的影响非常大。

铝土矿的开采主要是露天采矿，矿床的大小、深度、位置和矿石硬度的变化很大，因此，采矿对环境的影响也不一样。有的矿区工作面在 60 m 以下，有的矿体有很大倾斜。铝土矿和剥土量的比往往大到 1∶15 以上。矿区本身和剥离土石堆场往往占据很大面积，使自然生态遭受破坏，容易造成水土流失和风沙化的地貌，破坏水文地质的平衡状态。近年来各铝土矿的主权国对矿区回填、地面平整、表土复原、造地还田和植树再生等方面都提高了要求。

氧化铝生产需要大量工业用水，同时产生大量含碱和含其他污染物的废水，废水若不加限制地向外排放，将引起大面积水系的污染和土地盐碱化。这些废水若不回收利用，氧化铝生产的新水供应也将造成困难。因此很多氧化铝厂在废水处理、储存和循环利用方面做了很多工作：如赤泥送堆场后，回收附水；冷却用水循环使用；冲洗设备和地面的污水返回工艺系统；加强生产管理，防止跑冒滴漏等。

氧化铝生产会排出大量含碱赤泥浆。以铝土矿为原料的碱-石灰烧结法厂，每生产 1 t 氧化铝产出的赤泥量多达 1.5～1.6 t。拜耳法赤泥产出率最少，每吨氧化铝也产出 1 t 左右的赤泥。排出赤泥的同时，有大量含碱附液排出。赤泥浆无论是陆地堆存或是向深海排放都要造成大面积土地盐碱化和水域或海域的污染。因此赤泥的综合利用问题是解决氧化铝生产的污染源的主要问题。

18.2　赤泥的综合利用

由于矿石的成分和生产氧化铝所用的方法不同，赤泥的化学和矿物组成差别很大，其用途也各不相同。

目前国内外提出的综合利用赤泥的途径，归结起来有以下几个方面：

(1) 回收赤泥中的有用成分(碱、氧化铝、铁及稀有金属)。

(2) 利用赤泥生产水泥及其他建筑材料，这是大量利用赤泥的主要途径。

(3) 用作肥料、土壤改良剂、脱硫剂、净水剂、炼钢造渣剂、涂料、絮凝剂及塑料填充剂等。

但目前来看，用赤泥生产水泥为较好的解决方法。我国早在 1958 年就研究成功将烧结法赤泥用来生产硅酸盐水泥，经过几十年的发展，现已建成能处理联合法和烧结法赤泥，且年产数百万吨水泥和多品种水泥(普通硅酸盐水泥，油井水泥，抗硫酸盐水泥等)的氧化铝厂的配套企业。

参 考 文 献

1　轻金属冶金学．杨重愚主编．北京：冶金工业出版社，1991
2　铝土矿的拜耳法溶出．毕诗文等编著．北京：冶金工业出版社，1996
3　氧化铝生产．王庆义主编．北京：冶金工业出版社，1995

冶金工业出版社部分图书推荐

书名	作者	定价(元)
中国冶金百科全书·有色金属冶金	编委会 编	248.00
湿法冶金手册	陈家镛 主编	298.00
湿法冶金原理	马荣骏 编著	160.00
有色金属资源循环利用	邱定蕃 等编	65.00
金属及矿产品深加工	戴永年 主编	118.00
预焙槽炼铝(第3版)	邱竹贤 编著	89.00
现代铝电解	刘业翔 等著	148.00
常用有色金属资源开发与加工	董英 等编	88.00
固体物料分选学(第2版)(本科教材)	魏德洲 主编	59.00
冶金过程动力学导论	华一新 编著	45.00
冶金设备(本科教材)	朱云 主编	49.80
冶金设备课程设计(本科教材)	朱云 主编	19.00
有色冶金概论(第2版)(本科教材)	华一新 主编	30.00
有色金属真空冶金(第2版)(本科国规教材)	戴永年 主编	36.00
有色冶金化工过程原理及设备(第2版)(本科国规教材)	郭年祥 主编	49.00
有色冶金炉(本科国规教材)	周孑民 主编	35.00
重金属冶金学(本科教材)	翟秀静 主编	49.00
轻金属冶金学(本科教材)	杨重愚 主编	39.80
稀有金属冶金学(本科教材)	李洪桂 主编	34.80
有色冶金工厂设计基础(本科教材)	蔡祺风 主编	24.00
冶金工程概论(本科教材)	杜长坤 主编	35.00
物理化学(高职高专教材)	邓基芹 主编	28.00
物理化学实验(高职高专规划教材)	邓基芹 主编	19.00
无机化学(高职高专教材)	邓基芹 主编	36.00
无机化学实验(高职高专教材)	邓基芹 主编	18.00
冶金专业英语(高职高专国规教材)	侯向东 主编	28.00
金属材料及热处理(高职高专教材)	王悦祥 等编	35.00
流体流动与传热(高职高专教材)	刘敏丽 主编	30.00
冶金原理(高职高专教材)	卢宇飞 主编	36.00
铁合金生产工艺与设备(高职高专教材)	刘卫 主编	39.00
连续铸钢操作与控制(高职高专教材)	冯捷 等编	39.00
矿热炉控制与操作(高职高专教材)	石富 主编	37.00
稀土冶金技术(高职高专教材)	石富 主编	36.00
稀土永磁材料制备技术(高职高专教材)	石富 主编	29.00
火法冶金——粗金属精炼技术(高职高专教材)	刘自力 主编	18.00
火法冶金——备料与焙烧技术(高职高专教材)	陈利生 等编	18.00
火法冶金——熔炼技术(高职高专教材)	徐征 等编	31.00
湿法冶金——净化技术(高职高专教材)	黄卉 等编	15.00
湿法冶金——浸出技术(高职高专教材)	刘洪萍 等编	18.00
湿法冶金——电解技术(高职高专教材)	陈利生 等编	22.00
氧化铝制取(高职高专教材)	刘自力 等编	18.00
氧化铝生产仿真实训(高职高专教材)	徐征 等编	20.00
金属铝熔盐电解(高职高专教材)	陈利生 等编	18.00
金属热处理生产技术(高职高专教材)	张文丽 等编	35.00
金属塑性加工生产技术(高职高专教材)	胡新 等编	32.00